虚拟现实引擎 IdeaVR 创世 零基础快速入门

主　编：刘甜甜　　朱瑞富　　周清会

副主编：张建国　　郑芳芳　　吕艺青

编　委：(按姓氏笔画为序)

王琳琳	方　超	石演峰	师婵媛	刘　健	刘　新
刘国良	齐炳和	汤代理	李　侯	李　泉	李　铭
李剑峰	杨晓雅	何仲麟	沈佳骏	罗　焜	赵子峥
赵云龙	赵保刚	赵翰林	胡　蔓	胡志淼	柴　锦
高建军	高　博	曹利华	韩　凯		

山东大学出版社

图书在版编目(CIP)数据

虚拟现实引擎 IdeaVR 创世零基础快速入门/刘甜甜,
朱瑞富,周清会主编. —济南:山东大学出版社,
2019.11(2021.3 重印)

　　ISBN 978-7-5607-6526-6

　Ⅰ.①虚…　Ⅱ.①刘…　②朱…　③周…　Ⅲ.①虚拟现
实—程序设计　Ⅳ.①TP391.98

　中国版本图书馆 CIP 数据核字(2019)第 285298 号

策划编辑:李　港
责任编辑:李　港
封面设计:张　荔

出版发行　山东大学出版社
社　　　址　山东省济南市山大南路 20 号
邮政编码　250100
发行热线　(0531)88363008
经　　销　新华书店
印　　刷　济南华林彩印有限公司
规　　格　880 毫米×1230 毫米　1/16
　　　　　17.5 印张　497 千字
版　　次　2019 年 11 月第 1 版
印　　次　2021 年 3 月第 3 次印刷
定　　价　78.00 元

本教材由以下课题资助：

(1)朱瑞富,刘新,齐炳和,刘甜甜,等."实践实训＋创新创业"一体化教学体系的构建及应用,2017年教育部高等学校机械基础课程教学指导委员会、教育部高等学校工程训练教学指导委员会教育科学研究立项项目(项目编号:JJ-GX-JY201726)。

(2)孙康宁,朱瑞富,等.面向新工科的机械制造基础课程 KAPI 体系改革研究与实践,教育部首批"新工科"研究与实践项目(教高厅函〔2018〕17号)。

(3)朱瑞富,刘新,齐炳和,胡蔓,刘甜甜,等.工程训练中心创新创业训练平台建设及应用,山东大学实验室建设与管理研究项目立项重大项目(项目编号:SY20171302)。

推荐语

IdeaVR 是一款容易上手同时又功能强大的 VR 场景编辑软件。它有简洁明朗的界面设计，丰富多彩的预设资源，思路清晰的动画编辑器和交互编辑器。使用者在经过简单培训后基本上就能掌握其主要功能，在编辑自己 VR 场景的过程中能收获无穷乐趣。在与该软件所属公司的相关工作人员接触过程中，时刻能够感受到他们的认真和敬业，有这样的开发者和工作人员，这款软件错不了！

——北京大学龙玉老师

IdeaVR 是一款优秀的、适用于教学的虚拟现实引擎。该引擎在满足教学基本要求的前提下，降低了使用门槛，让教师等教育工作者在编程基础相对薄弱的情况下，也可制作出优秀的教学培训、模拟训练等 VR 作品。同时，IdeaVR 中预制的模型素材和特效等，完全能够满足教育教学活动的需求，节省了开发时间，既简单又实用。

——南京航空航天大学航空宇航制造工程系老师

IdeaVR 是一款非常适用于教学和研究的虚拟仿真技术软件，它的界面设计友好、操作方便快捷。我在天津大学教授大学物理课中，指导学生使用这款软件把物理现象和内容制作成动态 3D 过程，使学生在学习中，不仅达到了运用虚拟仿真技术对物理规律进行实践性学习的目的，而且也在天津市"新工科"竞赛中取得了好成绩，有效培养了"新工科"学生的实践能力和创新精神。

——天津大学理学院物理系秦红珊副教授

我是一名普通教师，2007 年接触虚拟现实技术，最早是 3ds Max 的 VRML97，2009 年是 VGS 技术，2011 年开始接触 Unity3D 引擎，制作过学院虚拟漫游系统。由于不是计算机专业出身，所以我的编程能力是弱项，我一直在寻找一款不需要编程就能实现交互的虚拟现实软件。2017 年，我曾经用过某公司的 VR 软件，尽管也是不需要编程，但是它不允许导入自己的素材，因此实用价值就降低了很多，直到 2018 年接触了 IdeaVR 引擎，在使用过程中深刻地体会到了该软件的优势：导入素材方便，接口广泛，3ds Max 和 MAYA 导出模型都可以；媒体类型全面，从 PPT 到音频，从 SWF 到视频都可以；提供了试题设计功能，便于制作虚拟现实学习考练系统，有效支撑了虚拟现实技术服务教学教育活动的顺利开展；最关键的是使用零编程和图像化的方法，即使是非计算机专业的老师也可以经过学习快速制定交互和行为逻辑,解决 VR 教学系统制作的困难,实现了 VR 在教学应用上的突破。

——黄河水利职业技术学院姜锐老师

初次接触 IdeaVR,感觉功能很强大,利用现成的素材,用户可以迅速搭建起一个虚拟的世界,使用系统提供的动画和交互设计,搭配 VR 硬件,用来制作 VR 教学课件,非常简洁和方便。深入学习 IdeaVR 提供的各项功能,加上 Python 编程,制作 VR 游戏内容估计都不在话下。

——湖南警察学院刘永强老师

"假作真时真亦假,无为有处有还无。"冶金工程专业是实实在在的工科专业,钢铁企业的高温、高危、复杂环境让学生在实习时不可能实际操作,目前的虚拟仿真是二维的,存在场景与操作分离、可操作案例少等缺点,而 IdeaVR 却让这一不可能变为可能,克服了虚拟仿真的缺点,也就是把生产现场的工艺流程全部虚拟化,让学生既可以感受现场的实际气氛,又可以真正实操,我对此十分期待。

——辽宁科技学院张作良老师

IdeaVR 是一款非常好用的虚拟现实软件,操作性很强,方便快捷,一目了然,尤其是对于基础知识的要求相对较低,新手更容易上手;界面也很友好,只有要一点计算机基础,就可以迅速地掌握;在客户服务方面也很棒,开设网络课程向虚拟现实爱好者进行普及推广,简单易懂,能激发学习的兴趣。总体来说是一款非常实用的软件,"小"身材,"大"能量。

——武汉华夏理工学院高级实验师侯国栋老师

IdeaVR 平台是我用过的制作效果较好、容易掌握的平台之一。它拥有友好的操作界面,简单方便,容易理解,尤其是它的特色模块——交互编辑器,通过简单的连线就可以实现人机交互功能,特别适合 VR 初学者或无代码基础的使用者学习使用。同时,该平台的渲染效果好,图像画质细腻,能够为体验者营造优质的虚拟环境。

——山东商业职业技术学院韩蓓老师

从各大游戏引擎用到 IdeaVR,我发现这款软件安装方便、操作亲民,使用类似蓝图的交互同时还保留了 Python 脚本,是难得的国产软件精品。同时,易于操作的多人协同功能是目前市面上常见引擎很难做到的。IdeaVR 针对应用场景尤其是教育教学方面进行了特别的设计,这一点让我十分惊喜。在进行虚拟教学演示、动画交互中,视频、音频以及 PPT 的插入变得极其简单方便,是能够翻页交互的 PPT 插入,个人认为是很实用、很创新的功能。好的软件离不开背后强大的支持,素材资源库以及多人协同服务器,都需要曼恒公司在背后强有力的支持。愿曼恒能够越做越好,让 IdeaVR 成为国内最优秀的虚拟现实教育引擎。

——北京大学洪韬同学

第一次接触 VR,不得不承认将 3D 模型导入 IdeaVR 软件里是一种更直观、更便捷的操作和视觉体验。软件界面简洁、功能明确、上手操作不算困难,同时具有基础素材库功能,使得 VR 建模更为便捷快速。

——大连理工大学陈同学

IdeaVR是一款非常容易上手的VR内容制作软件,功能强大,界面简洁舒适。对于一个"小白"来说,它学起来并不困难,每一块的功能布置都很合理,且很好理解,可以实现的效果也非常多,还有很多预设的场景可以用,总之,是一款性价比非常高的VR学习产品。

——上海工程技术大学夏蒙蒙同学

IdeaVR对于新手来说比较好上手,可以为非开发人员进行内容创作提供极大的便利。它的用户界面分区清晰,功能种类齐全,简单易学,操作性强,是一款不错的虚拟现实软件。

——西华师范大学杨慧莲同学

我认为IdeaVR是很好的一个引擎,是一个专门定位于行业VR内容开发的引擎,零编程基础的非专业人员也可以熟练掌握。IdeaVR还可以协助学校老师制作专业教学课件、进行多人VR授课、科研验证,帮助学生进行作业设计、分享设计成果,是功能非常丰富的、用途非常广泛的一个引擎。

——鄂尔多斯应用技术学院王星元同学

前　言

随着科学技术的快速发展,虚拟现实技术在教学培训、工业机械、国防军工等领域得到了充分的应用,并在行业解决方案中扮演了越来越重要的角色。越来越多的高校开设了虚拟现实专业,为虚拟现实人才建设奠定了基础。然而,虚拟现实技术涉及的技术众多,如计算机图形实时渲染技术、显示技术、传感器技术以及交互追踪定位技术,所以对于广大用户而言,快速掌握虚拟现实内容的开发和制作仍然具有较大的难度和挑战性。

在虚拟现实技术发展的同时,如雨后春笋般出现的虚拟现实创作工具为用户带来了福音。目前,主流的引擎软件是国外的 Unity3D 和 Unreal Engine 4。这类引擎虽然功能强大,但是学习成本较高,对于非计算机类的用户来说有一定的学习和使用门槛。虽然国内也有部分虚拟现实技术厂商在从事虚拟现实引擎软件的研发,但是跟前两款引擎相比,在市场占有率上仍有较大的差距。但相信通过国内厂商的努力,国产引擎定会大有所为。IdeaVR 引擎创作软件是由国内专注虚拟现实技术厂商上海曼恒数字技术股份有限公司历时多年打磨的虚拟现实引擎软件。该软件是一款为教育、医疗、商业等领域打造的虚拟现实引擎平台。相比前面介绍的国外 VR 引擎主要定位于游戏开发,需要专业程序开发人员,IdeaVR 定位于行业应用内容开发,非专业人员也可以熟练掌握,这降低了用户学习、使用虚拟现实技术的门槛,可帮助行业用户在高风险、高成本、不可逆或不可及、异地多人等场景下进行教学培训、模拟训练、营销展示等工作。

易学、易用是 IdeaVR 虚拟现实引擎软件的主要特性。用户不仅能够快速掌握使用技巧,而且能够制作出画面精美、交互完善的三维可视化场景,这也正是该软件在易学、易用基础上功能强大的表现。除此之外,相比其他专注于游戏内容制作的引擎仅支持百万面片级模型的导入,IdeaVR 可导入千万级三角面片的模型,导入模型的大小、速度具有明显的优势。这可以帮助工业、建筑等领域的用户将自己的模型数据高效无损地带入 VR 内容中。内置教学考练模块也是易学、易用的重要体现,而PPT(幻灯片)和视频课件导入、自由标注、考试考核等功能是对传统教学方式的扩展。这不仅让有教学、学习、考试、练习需要的用户无须脱离 VR 环境就可完成培训、考核、实训等流程,满足教育用户的VR 教学需求,也可帮助企业完成对内部员工和客户的培训工作。远程多人协同模块是 IdeaVR 的亮点和核心功能之一，支持近百人在全球范围内进行 VR 内容的多人协同，并且可进行实时语音交流。不管用户在哪个国家或者哪个城市，局域网还是广域网，都可以无延时地链接到一个虚拟场景中进行交互。这对于有远程、多人、异地协同的教学和培训、实训等需求的用户有着非常大的吸引力。

　　本书在内容安排上由浅入深、先易后难，以达到学员零基础入门、快速掌握虚拟现实内容制作的相关知识的目的。章节主要涉及场景灯光设置、动画制作、高级粒子系统和交互逻辑制作，并在最后通过实战案例介绍场景的制作过程。通过学习本书，读者无须具备三维建模和虚拟现实开发经验，即可对虚拟现实三维场景的制作有一个全面的了解。希望 IdeaVR 创世引擎能够为用户开启学习虚拟现实技术的全新格局。

　　由于水平有限，对有些知识的研究、认识和理解还不够深入，书中内容难免有不当之处，敬请读者批评与指正。

编　者

目 录

目　录

1 认识 IdeaVR 创世引擎

1.1 IdeaVR 创世概述

IdeaVR 创世是一款专为非专业程序开发人员打造的虚拟现实引擎平台。相比其他虚拟现实创作引擎，IdeaVR 创世虚拟现实引擎定位于行业应用内容开发，让非专业程序开发人员也能在短时间内熟练掌握，并进行内容创作，帮助行业用户在高风险、高成本、高复杂性的实训环境和不可触及、不可逆转、不可重现、不可到达等远程异地多人的场景下实现教学培训、模拟训练、营销展示等应用。

IdeaVR，英文名称由 Idea(创意)以及 Virtual Reality(虚拟现实)组成，寓意即在虚拟现实世界里尽情地发挥创意。IdeaVR 创世这款虚拟现实引擎，让使用者从脚本策划开始，通过引擎展示如何创造完美而丰富的 VR 内容。图 1-1 和图 1-2 为 IdeaVR 创世初始启动界面和编辑端界面。

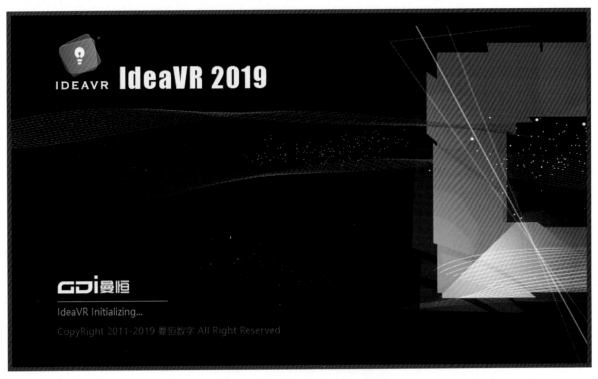

图 1-1　IdeaVR 创世初始启动界面

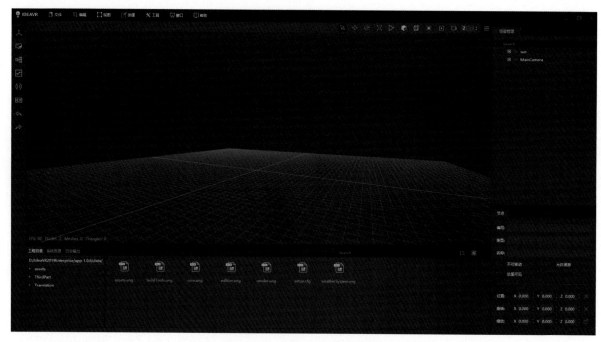

图 1-2　IdeaVR 创世编辑端界面

IdeaVR 创世引擎问世于 2010 年,前身为 DVS3D 软件。2015 年后,该引擎的主体逐渐独立于 DVS3D,增添了包括场景搭建、相机设置、资源管理、VR 视频录制等在内的诸多新功能。

2017 年 1 月,全新界面的 IdeaVR 创世 1.0 引擎正式面向市场,增设了交互编辑器、内置资源库、场景同步、多人协同等功能。同时,该引擎也是在全球范围内较早推出远程异地多人协同的 VR 引擎。

2017 年 7 月,IdeaVR 创世 2.0 引擎新增了发布 exe 可执行文件功能,可支持实时语音、教学白板、PPT 播放、视频播放、试题设置等功能。

2018 年 1 月,IdeaVR 创世 2018 版正式上线。在第四季度,IdeaVR 创世 2018Q4 版重构了菜单界面及资源面板,增加了 VR 场景编辑功能,提供了丰富的预设资源,增加了节点合并与拆分功能,全面改版了交互编辑器,同时增加了 Python 脚本适配功能。

2019 年 4 月,IdeaVR2019 版正式上线。至此,IdeaVR 创世引擎正式开启了快速迭代的敏捷开发模式,也就意味着软件版本更新增速。

1.2　IdeaVR 创世特点

1.2.1　易学易用

IdeaVR 创世采用全中文(可切换英文)界面,并附有详细的用户手册、超过 200 分钟的官方教学视频、产品论坛 GVRTalk 以及专业的官方培训,能够帮助用户快速学习和掌握软件,让 VR 开发零基础的用户通过 3～5 天的学习便可以独立完成初级 VR 项目的开发。

IdeaVR 创世采用全新的扁平化设计风格,其简约的界面外观、清晰的功能布局,可让用户快速调用材质、动画、灯光渲染等功能模块,轻松完成 VR 场景搭建。交互编辑器的应用,使得 VR 创作不再"高冷",即使是非计算机专业、没有编程基础的用户,也能通过直接对任务模块进行拖拽和链接,快速建立 VR 场景之间的交互逻辑,提升 VR 内容创作效率。IdeaVR 学习现场如图 1-3 所示。

图 1-3   IdeaVR 学习现场

1.2.2   使用体验便捷、高效

IdeaVR 创世具有兼容多种格式模型(支持—导入或者兼容—模式)、内置资源丰富、交互逻辑快捷创作、零编程、一键自适应不同使用终端等功能。

多种三维模型导入格式可以无缝对接用户建模需求,用户不用考虑自己的模型是否兼容,这提高了模型利用率。引擎内置大量素材,如草地、水体、植物、场景、天气系统、灯光系统、基础模型、材质系统、粒子等,可以极大程度地帮助用户高效搭建场景,节省制作素材的时间。

IdeaVR 创世是一款零编程虚拟现实内容创作引擎,使用门槛低,可以让所有人员使用,其图形化的交互编辑器取代了传统的代码编程,可提供丰富的交互内容。同时,交互编辑器的逻辑合并模块能够同时让多人进行统一、同一场景的交互编辑,方便协同与制作。

IdeaVR 创世还具有一键自适应多种使用终端的功能,通过其创作的 VR 内容,无须修改脚本即可同时适用于 HTC Vive、MR、VR^2、VR^3 等硬件环境,实现高效创作(见图 1-4)。

图 1-4   高效创作

1.2.3   异地多人协同

IdeaVR 创世的远程多人协同模块支持近百人在全球范围内进行 VR 内容的多人互动,并且进行实时语音交流。不管用户在哪个国家、哪个城市,局域网或广域网,在网络条件允许的情况下,都可以无延时地链接到一个虚拟场景中进行交互。这对于有远程、多人、异地协同的教学、培训、实训等需求的用户有着非常大的吸引力。

2019 年 4 月 9 日,教育部以“智能＋教育”为主题在北京友谊宾馆友谊宫召开中国慕课大会。

国家虚拟仿真实验教学项目作为"金课"之一,由南京航空航天大学机电学院的田威教授所带领的团队进行了 10 分钟的飞机大部件装配实验。当时,现场演示的就是由 IdeaVR 创世引擎所创作的内容。

本次演示利用 5G 网络技术高带宽、低延时的特性,充分展示虚拟仿真项目服务于全时域、全空域、全受众的智能学习新变化,以增强知识传授、能力培养和素质提升的效率和效果为重点,进行现场演示脚本设计,推动高等教育领域加快面向下一代网络的高校智能学习体系建设。在现场的南京航空航天大学的师生,以及远在 4000 千米外的西北工业大学、贵州理工学院的学生通力协作,共同完成了我国自主研制的首款大型客机 C919 飞机大部件装配的实验过程。图 1-5 为当时的实验情景。

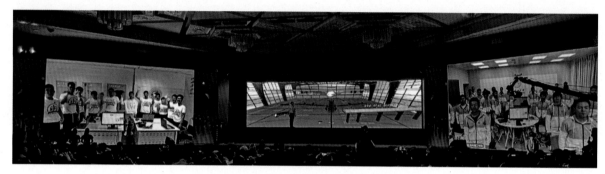

图 1-5 异地多人协同

IdeaVR 创世独有的教学模块具有语音广播、PPT 导入播放、自由标注、考试考核等功能,既让有教学、学习、考试、练习需求的用户无须脱离 VR 环境就可完成培训、考核、实训等流程,满足教育用户的 VR 教学需求,又可帮助企业完成对内部员工和客户的培训工作。图 1-6 为学生和老师在实验室共同使用 IdeaVR 创世进行内容培训与教学。

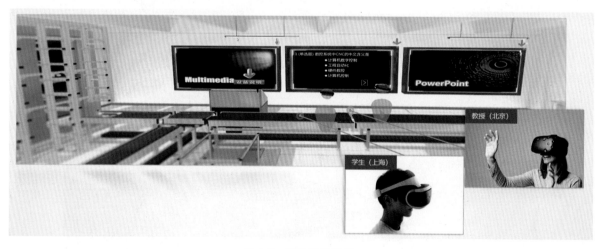

图 1-6 教学考练场景

1.2.4 硬件适配

IdeaVR 创世的用户不需要做额外开发,其内容可一键适配 HTC Vive、Oculus Rift、MR、VR^2、VR^3、MR-Touch 等主流 VR 外设,并且提供国际通行的 VRPN 接口,只要能用该接口的硬件都能够完美地兼容(见图 1-7),同时支持 5DT 数据手套与气味硬件。5DT 数据手套配合 G-Motion 红外光学追踪系统,让用户能够用真实场景中的常用操作习惯更加自由地与虚拟场景进行交互,不受硬件限制;气味硬件能够根据不同的场景散发相应的气味,从味觉上刺激用户,增强虚拟现实的沉浸感。

图 1-7　硬件自适应

1.3　安装授权与服务

1.3.1　安装环境

1.3.1.1　硬件配置

最低配置:CPU,Intel i5 4550;显卡,NVIDIA GTX 660;内存,8G。

推荐配置:CPU,Intel i7 6700;显卡,NVIDIA GTX 1060;内存,16G。

关于硬件配置的说明:

(1)使用多人协同功能,需要计算机具有千兆(100M/1000M)自适应网卡。

(2)使用视频录制功能,需要计算机具有声卡、麦克风。

(3)使用 VR 头盔进行虚拟现实体验,需要计算机具有 HDMI 接口,且显卡至少为 NVIDIA GTX 1060,或更高。

(4)在使用 IdeaVR 创世的过程中,软件对 CPU/GPU 的占用率较高,鉴于目前轻薄本或商务本的散热系统效果不佳,故不建议长时间在其上使用 IdeaVR 创世进行内容创作。

1.3.1.2　操作系统

(1)支持 Windows 7/10 x64 位操作系统。

(2)IdeaVR 创世支持中/英文命名,但考虑到中文编码的特殊性,为了保证能有更好的用户体验,建议操作系统的用户名以及存储路径均由纯英文字母组成,如 C:/users/Administrator。IdeaVR 创世的安装路径不应含有中文、空格、标点符号等特殊字符。场景名尽量由英文字母组成,且与文件夹名一致。

(3)IdeaVR 创世依赖的运行库:Microsoft .Net Framework 4.0,或更高;Microsoft Visual C++ 2015 x64 Redistributable。

(4)安装独立显卡驱动。

1.3.2　在线更新

IdeaVR 创世支持软件的在线更新,如图 1-8 所示。在有网络的情况下,可单击"编辑"→"检查更新"按钮进行在线检查、更新。IdeaVR 创世的最新版本将会实时共享给每一位用户。

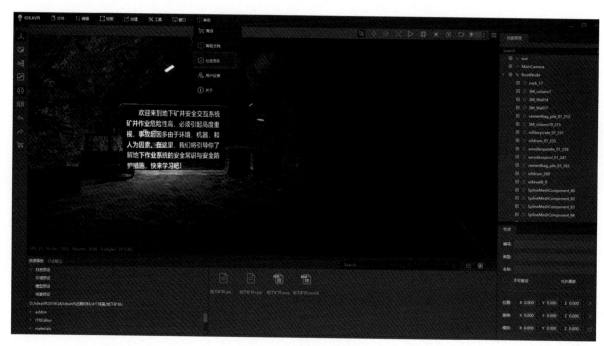

图 1-8　在线更新功能

1.3.3　服务与帮助

通过菜单帮助文档，可以查看 IdeaVR 创世用户手册，界面如图 1-9 所示。

欢迎使用IdeaVR2019

IdeaVR虚拟现实引擎软件是由上海曼恒数字技术股份有限公司历时多年自主设计、研发的远程异地多人协同软件，经过多个版本的迭代、完善，目前IdeaVR已经更新至IdeaVR2019。

图 1-9　用户手册界面

用户也可以登录 IdeaVR 创世官网在线查看用户手册和视频教程,界面如图 1-10 所示。

图 1-10 网页端用户手册界面

用户可登录产品论坛 GVRTalk 进行软件使用的讨论及分享,与千万 IdeaVR 用户共同探讨 IdeaVR 的使用技巧,共享优质 IdeaVR 资源及内容,界面如图 1-11 所示。

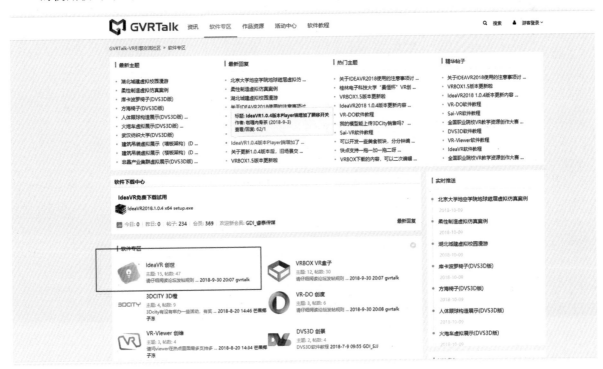

图 1-11 产品论坛 GVRTalk 界面

2　IdeaVR 创世架构

IdeaVR 创世分为三大结构，分别为 IdeaVR 编辑端、IVRPlayer、IVRViewer。其中 IdeaVR 编辑端与 IVRPlayer 在软件完成安装后，会自动在桌面生成快捷方式，作为软件编辑端和渲染端的启动项。在 IVRPlayer 中选择渲染端启动场景后，会自动启动 IVRViewer 用于场景的展示。

2.1　IdeaVR 编辑端

双击 IdeaVR 创世应用程序图标，启动 IdeaVR 编辑端。在短暂的启动画面之后，引擎将完成内置资源的加载和初始化，随后便能够看到 IdeaVR 创世编辑端的主界面。界面友好，简洁易用，是 IdeaVR 创世的主要特质。扁平化的界面设计（UI 设计）使得软件的整体操作体验更是得到了大幅度的提升。IdeaVR 编辑端的主界面如图 2-1 所示。

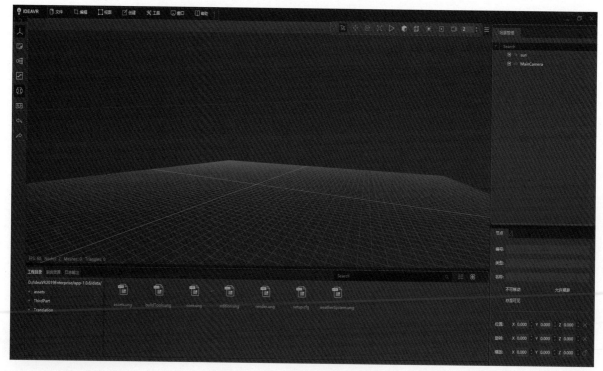

图 2-1　IdeaVR 编辑端的主界面

（1）主菜单栏：访问软件的所有功能。

（2）快捷工具栏：快速访问软件的常用功能和调节视口的常用功能，暂不支持定制。

(3)场景管理器:管理场景中所有的节点,可对场景中的节点进行一些基础操作。

(4)属性栏:修改节点属性。

(5)窗口栏:分为资源面板和日志输出,用于访问场景中的所有资源,并查看场景操作日志。

2.1.1　主菜单栏

在 IdeaVR 主菜单栏中,可以访问 IdeaVR 的所有功能。

一级菜单如图 2-2 所示,包括文件、编辑、视图、创建、工具、窗口、帮助七大部分。

图 2-2　主菜单栏

二级菜单包含如下内容:

(1)文件菜单,如图 2-3 所示。

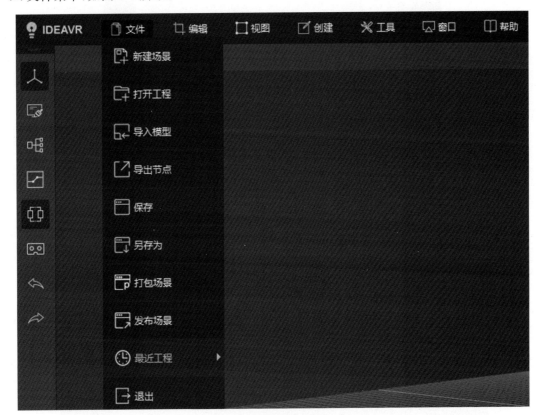

图 2-3　文件菜单

• 新建场景:清空视口内场景,新建一个空场景。空场景中包含一个 sun(平行光)节点和一个 Maincamera(相机)节点。

• 打开工程:打开一个扩展名为 .world 的工程文件。

• 导入模型:在当前场景中导入一个三维模型文件。目前支持主流的通用格式、CAD 工业格式以及部分 BIM 格式(以购买模块为准)。

• 导出节点:将当前场景中的节点导出为扩展名为 .node 的文件。导出的节点应用于当前场景中创建副本使用。

• 保存:保存当前场景的所有变动。空场景下单击"保存"按钮将自动跳转至另存为。

• 另存为:将当前场景另存为其他场景。

• 打包场景：将当前场景打包成扩展名为.ivr 的文件，在 IVRPlayer 中启动使用。

• 发布场景：将当前场景发布成扩展名为.exe 的可执行文件，可直接打开使用，即选择相应的渲染输出环境，然后运行场景，界面如图 2-4 所示。

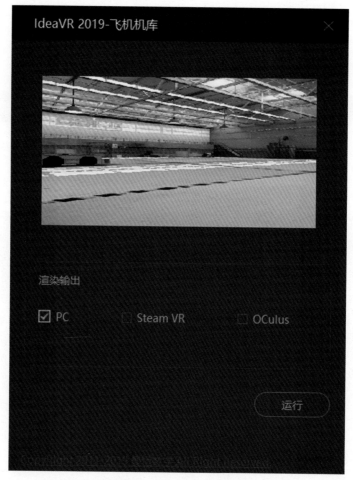

图 2-4　exe 文件运行界面

• 最近工程：显示最近打开的工程文件路径，可直接单击该路径打开，最多显示 9 条最近路径。

• 退出：结束当前编辑，退出 IdeaVR。

（2）编辑菜单，如图 2-5 所示。

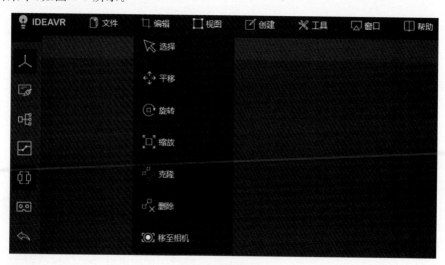

图 2-5　编辑菜单

- 选择：切换至选择状态，双击选中节点，无操作器。

- 平移：进入平移模式，选中节点，出现平移操作杆，可通过鼠标移动当前选中的对象。

- 旋转：进入旋转模式，选中节点，出现旋转操作杆，可通过鼠标旋转当前选中的对象。

- 缩放：进入缩放模式，选中节点，出现缩放操作杆，可通过鼠标缩放当前选中的对象。

- 克隆：创建一个当前选中节点的副本。

- 删除：删除当前选中的节点。

- 移至相机：将当前选中的节点移至视角前。

（3）视图菜单，如图 2-6 所示。

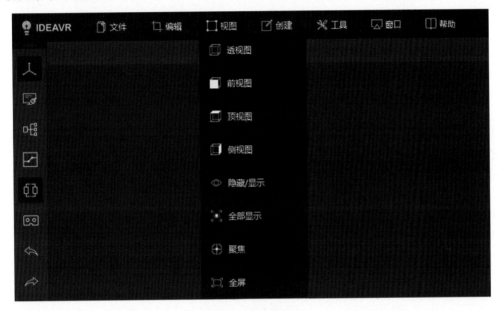

图 2-6 视图菜单

- 透视图：三维视图。

- 前视图：从正前方观察场景。

- 顶视图：从正上方朝下观察场景。

- 侧视图：从侧面观察场景。

- 隐藏/显示：对选中的节点进行显示或隐藏操作。

- 全部显示：显示场景中所有隐藏的节点。

- 聚焦：视口相机移至当前选中的模型对象。

- 全屏：全屏显示当前的视口，隐藏软件界面上的其他控件。

（4）创建菜单，将在后续 3.4 节中具体讲述。

（5）工具菜单，如图 2-7 所示。

图 2-7　工具菜单

- 天气：在场景中添加天气效果。
- 标注：可在场景中增加测量和连线标注。
- 材质：清除无用材质，用于清空场景中多余的材质。
- 设置：打开常用设置、窗口设置、渲染设置、相机设置、物理设置以及视频录制设置面板。
- 交互编辑器：打开交互编辑器面板，详见第 7 章内容。

（6）窗口菜单，如图 2-8 所示。

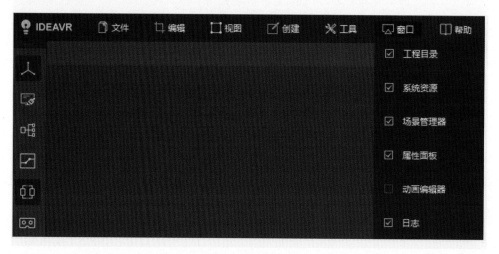

图 2-8　窗口菜单

- 资源面板：切换资源面板的显隐。
- 场景管理器：切换场景管理器的显隐。
- 属性面板：切换属性面板的显隐。
- 动画编辑器：切换动画编辑器的显隐。
- 日志：切换日志的显隐。

(7)帮助菜单,如图 2-9 所示。

图 2-9　帮助菜单

- 商店:打开 3DStore 模型素材商店的窗口。
- 帮助文档:链接至 PDF 格式的用户手册。
- 检查更新:检查当前的版本是否有更新,可在该窗口直接选择在线更新版本。
- 用户反馈:打开用户反馈的窗口。
- 关于:显示 IdeaVR 版本信息、模块及使用期限等信息。

2.1.2　快捷工具栏

为了界面友好,方便用户操作和使用,编辑端的界面中有多个快捷工具栏,并有一些使用上的小技巧,下面详细介绍各个快捷工具栏的功能和使用。

2.1.2.1　主界面左侧菜单栏

"![icon]":切换局部坐标系和世界坐标系。

"![icon]":快速打开渲染设置面板。

"![icon]":快速打开交互编辑器界面。

"![icon]":快速打开动画编辑器界面。

"![icon]":开启/关闭垂直同步功能,用于控制场景帧率。

"![icon]":一键 VR 功能,可以直接启动 SteamVR 平台支持的头盔,在头盔中预览场景。

"![icon]":撤销,可撤销场景中的部分操作,目前支持撤销 10 步。

"![icon]":重做,重做上一次撤销的操作,目前支持重做 10 步。

"![icon]":可快速访问 3DStore 模型素材商店。

2.1.2.2 主界面上方快捷工具栏

"▙":选择,光标切换为选择状态,可在视口中通过双击选择节点。

"▙":平移,进入平移状态,选中节点,出现平移操作杆,可通过鼠标进行平移操作。

"▙":旋转,进入旋转状态,选中节点,出现旋转操作杆,可通过鼠标进行旋转操作。

"▙":缩放,进入缩放状态,选中节点,出现缩放操作杆,可通过鼠标进行缩放操作。

"▷":运行,视口中场景进入运行预览状态,在该状态下可触发交互逻辑进行效果预览。

"▙":快速预览场景的各个视图,二级菜单中包含有透视图、前视图、顶视图、侧视图。

"▙":移至相机,将当前选中的节点移至视角前。

"▙":录制,录制场景视口中的一系列操作。

"▙":相机速度,在后面输入框中输入相机速度,可调节视口中相机的移动速度,该数值可针对场景保存。

"≡":收缩,用于隐藏该视口中的快捷工具栏。

在编辑端制作场景时,除了可选择快捷工具栏实现快速访问功能,部分功能也有相应的快捷键。简单操作的快捷键定义如表 2-1 所示(目前版本暂不支持快捷键自定义)。

表 2-1　快捷键定义

命令	快捷键
选择	Z
平移	X
旋转	C
缩放	V
克隆	Ctrl+C
删除	Delete
保存	Ctrl+S
取消选中状态	Space(空格键)
聚焦	F
全屏	F8
查看日志信息	～

续表

命令	快捷键
视角下移	Q
视角上移	E
视角前移	W
视角后移	S
视角左移	A
视角右移	D
退出运行	Esc

2.1.3 场景管理器

场景管理器在 IdeaVR 编辑端主界面的右上方分布,在该窗口内以层次化的树状图显示方式显示了当前场景中的所有节点,以及场景中节点的父子关系。

在场景管理器窗口中,可以直观地看到内容搜索的功能,可以直接输入节点名称进行筛选搜索,也可以通过勾选各个节点前的状态来控制该节点的显隐;可以直接拖动节点调整节点顺序,也可以调整节点的父子关系。

在场景管理器中,选中各类节点,右击后会出现对各个节点相应的一些功能操作。

节点类型及操作如下:

(1)物体节点(包括灯光、粒子、音频、视频、UI 组件、草、水和操作考试等节点),命令如图 2-10 所示。可以对物体节点进行删除、克隆、定位、合并、拆分、移至相机六项操作。

图 2-10　物体节点操作命令

节点拆分:选择某一多面的实体节点,右击后选择拆分,即可按照材质同类项拆分成多个独立的节点。

节点合并:在场景管理器中,按下 Ctrl 键后多选实体节点(objectmesh),右击后选择合并,皆可按照材质同类项合并成一个多面的实体节点。

(2)相机节点,命令如图 2-11 所示。可以对相机节点进行删除、克隆、定位、合并、拆分、移至相机、相机预览图七项操作。注意,不能对场景中的 Maincamera(相机)节点进行克隆。

图 2-11　相机节点操作命令

(3)考试节点,只针对常规题考试节点,命令如图 2-12 所示。可以对考试节点进行删除、定位、合并、拆分、移至相机、考试、导入考试记录七项操作。

图 2-12　考试节点操作命令

（4）多媒体 PPT 节点，命令如图 2-13 所示。可以对多媒体 PPT 节点进行删除、克隆、定位、合并、拆分、移至相机、添加按钮七项操作。其中，添加按钮可在 PPT 翻至当前页添加按钮链接，可在按钮下添加音频、视频链接，直接将音频、视频节点拖拽至按钮节点下，作为按钮节点的子节点，也可在按钮下链接动画文件，在按钮属性中添加动画地址。

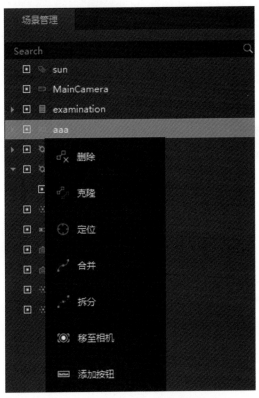

图 2-13　多媒体 PPT 节点操作命令

2.1.4 属性栏

在 IdeaVR 编辑端界面的属性栏中,可以对各个选中的节点进行属性的修改和编辑。不同类型的节点有着不同的属性类别,首先介绍场景中所有节点的一些通用属性,如图 2-14 所示。

图 2-14 节点属性

- 编号:显示该节点的序列号(ID)信息。场景中所有的节点均有各自不同的 ID,且无法更改。
- 类型:显示该节点的类型,如空节点、物体节点、灯光节点、相机节点等,也无法修改。
- 名称:显示该节点的名称,可以根据需要进行修改编辑。
- 位置:显示该节点在对应坐标系(世界坐标系或局部坐标系)下的坐标值。在该属性栏,可以直接输入数值对节点的位置信息进行修改,也可单击"✕"进行一键归位至坐标系原点的操作。

- 旋转:显示该节点在对应坐标系(世界坐标系或局部坐标系)下的旋转角度。在该属性栏,可以直接输入数值对节点的旋转角度进行修改,也可单击"✕"进行一键归位至零点的操作。

- 缩放:显示该节点各轴向的缩放比例。在该属性栏,可以直接输入数值对节点各轴向进行一定比例的缩放,也可以单击"🔓"锁定,修改单个缩放值,对节点的三个方向进行等比例缩放。

- "☐ 不可移动":在勾选状态和渲染端启动 ivr 格式的模式下,使用手柄功能将无法对该状态下的节点进行部件移动,反之即可通过手柄对该节点进行移动。

- "☐ 允许漫游":在勾选状态和渲染端启动场景下,可以通过手柄瞬移漫游的方式,在该节点物体上进行漫游操作,未勾选该状态的节点则无法进行瞬移漫游。

此外,经常会在场景中导入其他类型的节点,如灯光节点、粒子节点、草地节点、UI 组件节点等特殊节点。根据节点类型的不同,也会有不同类型的属性。关于特殊应用的节点后面章节将会详细介绍,本章着重介绍部分常用节点属性。

(1)物体节点,属性如图 2-15 所示,该属性栏中显示该物体节点的具体属性。

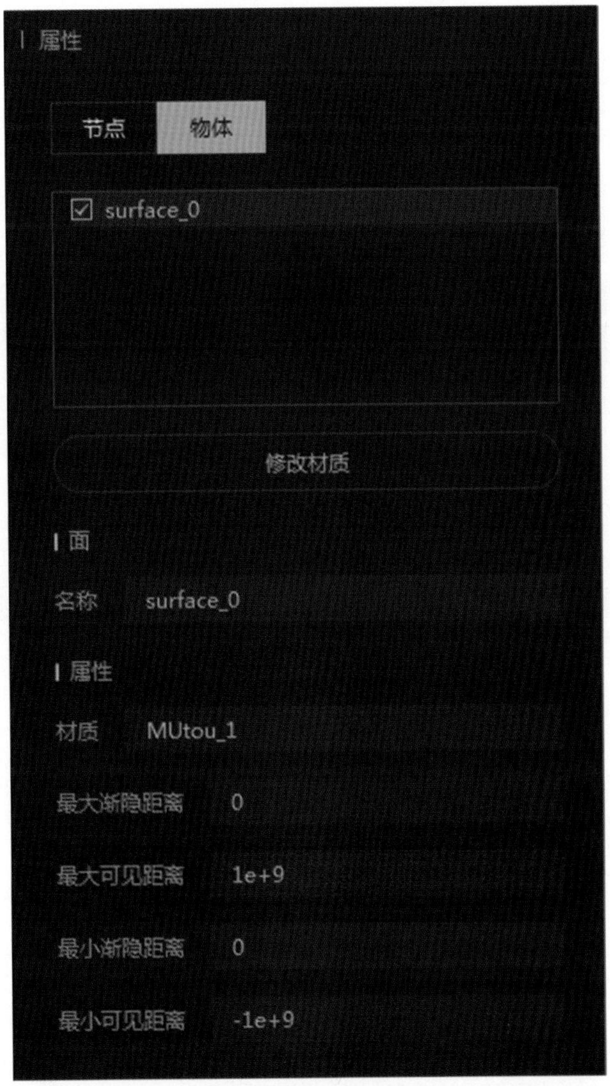

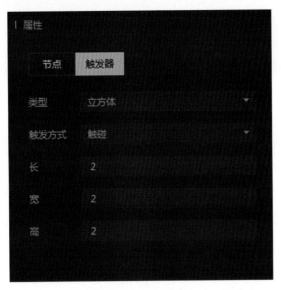

图 2-15　物体属性

(2)触发器节点,属性如图 2-16 所示,空间触发器一般应用于交互逻辑中。在触发器属性栏,可设置触发器类型、触发方式以及触发器触发的大小范围。

图 2-16　触发器属性

2.1.5 窗口栏

IdeaVR 编辑端的窗口栏位于界面的下方,默认显示资源面板和日志输出两个窗口界面,可以进行切换查看。在该窗口处,用户可方便地进行访问与查询使用。

(1)资源面板,如图 2-17 所示,可在资源面板中查看工程文件的路径。双击该路径,可直接打开该工程文件夹。在路径下方,可显示工程文件夹下的所有文件,展开对应文件,文件夹中所有内容会在右侧窗口中依次显示。在该资源窗口,可直接访问、查看工程中的所有文件,也可直接拖动文件进行使用。

图 2-17 资源面板

(2)内置资源显示区域,将在第 3 章详细介绍。

(3)当前场景文件结构,常用文件夹包含 materials 材质、tracker 动画。材质文件夹可查看当前场景中所用到的材质,具体操作参见第 4 章;动画文件夹可查看所有场景中的动画文件,可拖拽至交互编辑器中使用。

(4)日志输出,如图 2-18 所示,在该窗口内会实时输出场景中的日志信息,且对场景进行的所有操作均会以日志的形式进行实时输出。当对场景进行一些误操作,如保存时丢失、加载失败等,发现场景出现异常情况时,可以通过查看日志输出的信息来定位问题,这有助于快速有效地解决问题。

```
窗口
Loading "render/world/new_world.world" 79ms
Unigine~# render_glow 1 && render_restart
Unigine~# editor_load
NameSpace::check(): unused variable "Tracker:window"
NameSpace::check(): unused variable "Tracker:title"
NameSpace::check(): unused variable "DvsMaterial:window_show"
NameSpace::check(): unused variable "DvsMaterial:window"
NameSpace::check(): unused variable "DvsMaterial:buffer"
Loading "render/editor/main.cpp" 2628ms
Loading "render/editor/DVS.ch" dictionary
Loading "render/world/new_world.cpp" 0ms
Loading "render/world/new_world.world" 32ms
Loading "F:/IdeaVR/IdeaVR.QT/bin/data/demos/CPJ20161020/CPJ20161020.cpp" 15ms
Loading "materials/CPJ20161020_0102203857.xml" 55 materials 2560ms
```

图 2-18 日志输出面板

2.2 IVRPlayer

IVRPlayer 启动器的主界面如图 2-19 所示。在 IdeaVR 编辑端制作完成的案例,在编辑端中打包成 ivr 格式的文件后,可在 IVRPlayer 启动器中根据需要选择渲染输出环境来启动场景。

其中,主界面架构分为如下几个部分:

(1)主菜单栏:访问软件菜单。

(2)默认场景:IdeaVR 创世中附带三个默认展示案例,供用户体验。

图 2-19　IVRPlayer 启动器的主界面

（3）最近场景：显示最近打开案例的记录，也可双击该案例直接打开。

（4）渲染输出：根据需要选择渲染输出环境，软件目前支持大部分主流 VR 硬件环境。

（5）欢迎与帮助：用户可在此区域查看在线帮助文档。

2.2.1　主菜单栏

IVRPlayer 启动器的主菜单栏相较于编辑端更为简洁，如图 2-20 所示。主菜单栏仅包括打开工程、首选项、退出三个部分。

图 2-20　IVRPlayer 的主菜单栏

- 打开工程：弹框选择工程文件所在路径，可直接打开 ivr 格式的案例。
- 首选项：可对启动场景后在场景中的视频录制进行基本的设置，以及控制在场景中通过手柄进行瞬移漫游的开关设置，在设置完成后单击"应用"按钮，如图 2-21 所示。

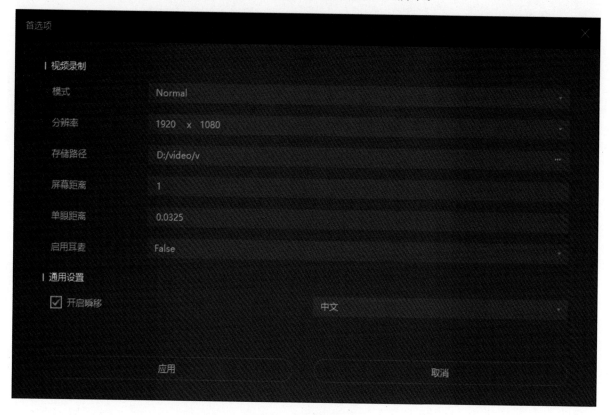

图 2-21　首选项菜单栏

- 退出：退出 IVRPlayer 程序。

2.2.2　案例展示区

IVRPlayer 启动器主要用于对制作完成的案例进行展示。在案例展示区，分为默认场景和最近场景两个部分。

IVRPlayer 在安装后，附带了三个提供给用户体验的默认案例。

2.2.2.1　车库体验案例

如图 2-22 所示，该案例为用户提供了一个汽车装潢的操作体验。在该场景中，使用了 UI 提示交互，引导用户一步一步地进行操作，其中还融入了一些空间触发器、自发光材质变化、精美的粒子效果以及一些基本的动画展示。

图 2-22　车库场景

2.2.2.2　空调拆装案例

空调拆装案例是一个场景比例为 1∶1 的教学模拟场景，如图 2-23 所示。通过这样一个简单的教学模拟案例，可以使用户深入地了解和认识空调内部的结构。在该案例中，运用了简单的交互以触发一系列空调自动拆解和组装的动画，并在拆解过程中对各个部件进行讲解，还可运用手柄功能使用户在场景中自由地拆解空调，以对各个部件进行全方位的认知。

图 2-23　空调拆装与认知场景

2.2.2.3 桃花别墅体验案例

桃花别墅体验案例是一个观赏类展示案例,如图 2-24 所示。该案例以美观、真实的 VR 体验,运用丰富的场景素材,包括粒子制作的花瓣飘洒的效果、水面效果、声音效果等,展示了一个别墅设计效果,供用户在各种渲染环境中体验、欣赏。

图 2-24 桃花别墅场景

在案例展示区,除了软件自带的默认展示区,还有一个最近工程的展示区。在默认案例的下方,会显示最近打开场景的历史记录,目前最多只能显示 8 条历史记录。用户可在此区域直接用鼠标选中案例,并双击启动场景。当光标悬停在案例上方时,也会显示该案例在本机中的存放路径。这样友好的操作界面,大大提升了用户的体验效果。

2.2.3 渲染输出环境

IdeaVR 创世支持当前市场上大部分的主流 VR 硬件设备,同时也提供了一些硬件自适应的解决方案。目前,软件支持 HTC Vive、HTC Vive Pro、Windows MR 以及 Oculus Rift 等主流的头显设备,另外还支持 VR^2、VR^3 等多通道环境;同时在多人协同环节中,提供了准确的大空间定位方案。如下列举了一些常见的 VR 显示设备在 IdeaVR 中的应用。

2.2.3.1 HTC Vive(使用时勾选 SteamVR)

软件当前版本支持 HTC Vive 以及 HTC Vive Pro 头显设备,在渲染输出时由 SteamVR 启动。图 2-25 为 HTC Vive 设备,该定位追踪的空间范围可达 4 米×3 米,具有超逼真画质、立体声音效和触觉反馈系统,可在虚拟世界里为用户打造出超乎想象的真实体验。

图 2-25　HTC Vive 设备

其中,HTC Vive 手柄(见图 2-26)在 IdeaVR 中的应用及操作介绍如下:

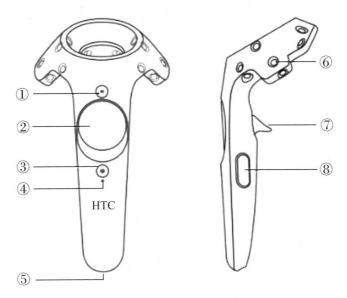

图 2-26　HTC Vive 手柄

- ①菜单键,呼出手柄菜单。
- ②Touchpad,手柄瞬移漫游键。
- ③系统按钮,用于进入 Steam Home 系统。
- ④状态指示灯,显示开启、关闭、电量不足以及充电等状态。
- ⑤充电适配接口,支持 Micro-USB 接口。
- ⑥追踪感应器,SteamVR 追踪技术传感器。
- ⑦扳机键,确定选择。
- ⑧握持键。

2.2.3.2　Windows MR(使用时勾选 SteamVR)

软件支持目前市场上的 Windows MR 设备,图 2-27 为 Windows MR 头显设备及其手柄。

在使用 Windows MR 设备时,需要安装 SteamVR,并到 Steam 商店下载安装 Windows Mixed Reality for SteamVR。

图 2-27　Windows MR 头显设备及其手柄

- ①摇杆,用于在混合现实门户中漫游。
- ②Touchpad,用于在场景中瞬移漫游。
- ③菜单键,呼出手柄菜单。
- ④Windows 键,用于进入混合现实门户。
- ⑤扳机键,确认选择。

2.2.3.3　Oculus Rift

软件支持 Oculus Rift 头显设备(见图 2-28)。在使用 Oculus Rift 设备时,需要安装 Oculus Home,以确保系统能够识别该设备。

图 2-28　Oculus Rift 头显设备

- ①漫游键,用于手柄瞬移漫游。
- ②菜单键,呼出手柄菜单。
- ③Oculus button,用于进入 Oculus 进行设置。
- ④Trigger,扳机键,用于确认选择,位于食指处。
- ⑤摇杆。

2.2.3.4　VR²

在多通道 LED 环境下,VR² 为用户提供了自主研发的 G-motion 交互追踪系统。目前,IdeaVR 支持一台工作站链接启动多个显示虚拟墙,为用户提供大范围视野、高分辨率、高亮度的影像系统,并在基于交互设备的支持下拥有极佳的交互体验。图 2-29 为 3DLED 大屏虚拟墙。

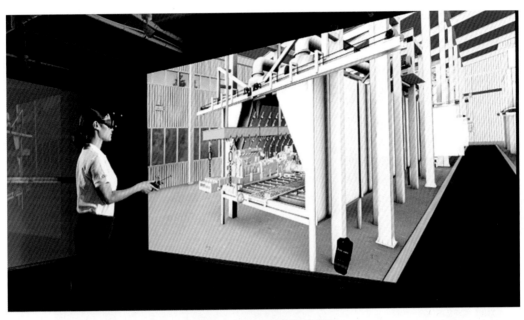

图 2-29　3DLED 大屏虚拟墙

在 VR^2 等 LED 环境下启动场景时,选择 3DLED 渲染输出,并根据屏幕尺寸进行相应的设置。当屏幕尺寸为 7 米×2.5 米时,一台工作站启动一个渲染机的 VR^2 设置如图 2-30 所示。

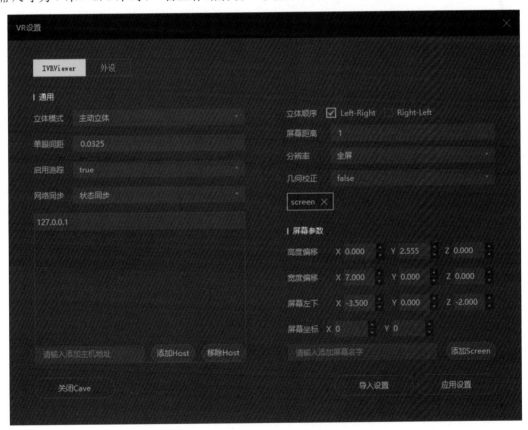

图 2-30　VR^2 环境配置

假定追踪原点位置在离屏幕地面中心点垂直距离 2 米处,屏幕宽度为 7 米,高度为 2.5 米,按照左下点在原点构建空间中的映射位置,原点使用坐标系,计算出参数配置。

2.2.3.5 VR^3

软件所支持的 VR^3 沉浸式洞穴交互显示环境(见图 2-31),相较于 VR^2,沉浸感更强、更真实,适用于高等教育、高端装配、国防军队、医疗等领域。VR^3 启动场景同样选择 3DLED 启动,由于有多屏渲染,在配置屏幕参数时需对各个屏幕进行拼接。当前常用的启动方式是由一主控制端启动程序,而其他的工作站通过软件小助手自动启动程序来启动场景。

图 2-31 VR^3 沉浸式洞穴交互显示环境

另外,在 3DLED 多屏渲染输出环境下,软件提供的 G-motion 追踪系统也有相应的眼镜和手柄追踪。图 2-32 为该环境下的外设。

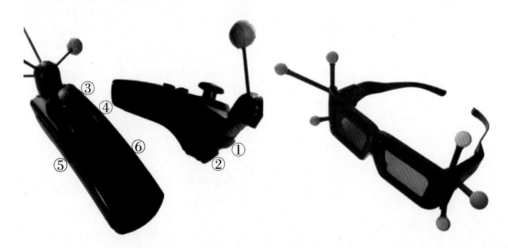

图 2-32 交互外设

- ①菜单键,呼出手柄菜单。

- ②漫游键,根据射线指向,长按该键用于在场景中进行漫游。

- ③摇杆,用于视角的旋转及漫游。

- ④电源键,打开或关闭手柄电源。

- ⑤确认键,选择菜单功能,触发交互逻辑,交互逻辑中设置的所有手柄触发键(扳机键、漫游键、握持键)在该环境下均由该键触发。

- ⑥瞬移漫游键,在开启瞬移漫游后,可在允许漫游的地方,通过单击该键进行瞬移漫游。

2.2.3.6　G-Space 多人协同大空间交互环境（使用时勾选 SteamVR）

在多人协同时，软件为用户提供了大空间方案，让体验者在 1∶1 的虚拟环境中沉浸体验。

如图 2-33 所示的大空间环境，在 IVRPlayer 中选择 SteamVR 启动，可在设置界面关闭手柄的瞬移漫游。大空间环境的体验以真实环境与虚拟环境同等大小的体验感为主，主要漫游结合实际行走。关闭手柄瞬移漫游可提升用户体验，排除物理空间与虚拟空间位置不一致的问题，减少碰撞（见图 2-34）。

图 2-33　G-Space 多人协同大空间交互环境

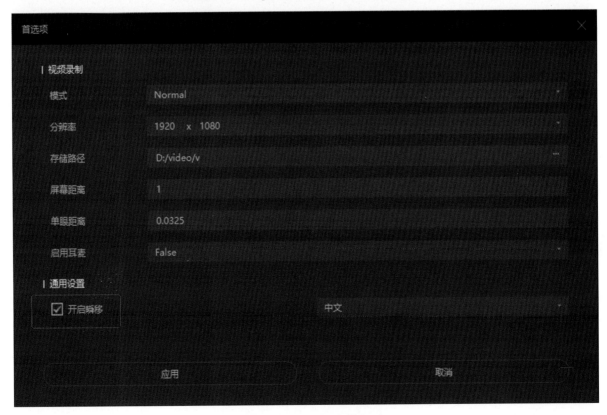

图 2-34　G-Space 环境设置

2.3 IVRViewer

IVRViewer 是场景启动渲染端后,渲染输出展示的一个界面窗口。如图 2-35 所示,该界面简洁,仅有一个主菜单栏,菜单中的功能将在后面的小节中详细介绍。

图 2-35 IVRViewer 界面

2.3.1 视频录制

IVRViewer 启动场景后,用户可以在场景中进行漫游、交互等虚拟现实体验操作。软件在场景视口中提供了视频录制的功能,可以录制在场景中的操作过程和所展示的内容,将虚拟场景中的体验过程以视频的形式呈现给更多的用户,以便教学使用。

在视频录制功能中,软件录制的视频将以 mpg 的格式输出,而录制视频的基本设置参见 2.2.1 小节 IVRPlayer 界面的首选项。

在视频录制设置中,可对录制进行如下设置:

• 视频的立体模式。

• 根据播放所需的屏幕分辨率设置对应的录制视频的高和宽。

• 自主选择录制视频的存储路径。

• 屏幕距离。

• 单眼间距,在渲染端中展示应用。

• 是否录制耳麦音效。

设置完成后,在 IVRViewer 启动的场景界面中,单击"菜单",选择"视频录制",在菜单右侧会出现视频录制按钮""，单击该按钮，即开始录制视频。在录制完毕后，再次单击该按钮，完成视频录制。在视频录制设置的路径下，可找到该视频文件。

2.3.2 加载交互

在渲染端启动场景后，用户可以手动地加载在编辑端制作的交互逻辑文件。在加载交互文件后，用户可以在场景中触发交互文件中的所有交互逻辑。如图 2-36 所示，单击"菜单"，选择"加载交互"。当交互文件前为勾选状态时，则该交互文件已加载，也可再次单击已勾选的交互文件，进行取消加载交互，或重新勾选其他文件，进行切换加载。

图 2-36 案例交互文件加载

2.3.3 多人协同

IdeaVR 是全球首款支持异地多人协同的虚拟现实交互平台。借助内置强大的分布式多人协同，IdeaVR 可快速构建多人协同工作环境，让所有用户置身于同一个真实的场景中，使用内置的语音通信、PPT 播放、三维立体式自由标注、答题考试等功能模块，实现多人异地协同模式下用户之间的高效沟通和"教、学、考、练"环节的全覆盖。

本小节将详细介绍 IdeaVR 多人协同的功能使用。首先在 IVRViewer 界面单击"菜单"，选择"多人协同"，进入多人协同设置。

(1)确定使用网络服务器，选择语音聊天服务器。软件为用户提供了 2 个语音服务器，供其选择使用。在设置完成后，单击"确定"按钮，如图 2-37 所示。

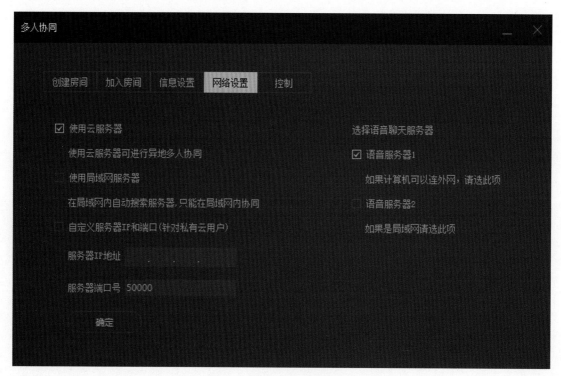

图 2-37　多人协同网络设置

• 云服务器：用户在良好的广域网环境下，要求配置 100M/1000M 网络。

• 局域网服务器：所有用户在同一局域网环境下。其中，一台服务器端打开安装路径下的 IdeaVRServer.exe 局域网服务器，如图 2-38 所示。在服务器窗口界面，可以查看服务器接收消息，以及服务器中的房间信息和房间内用户。

图 2-38　局域网多人协同服务器

• 自定义服务器：针对私有云用户，创建自定义服务器，客户端输入自定义服务器的 IP 和端口号，选择确定使用即可。

（2）房主创建房间。在选择服务器网络设置后，房主即可开始创建房间，设置如图 2-39 所示。

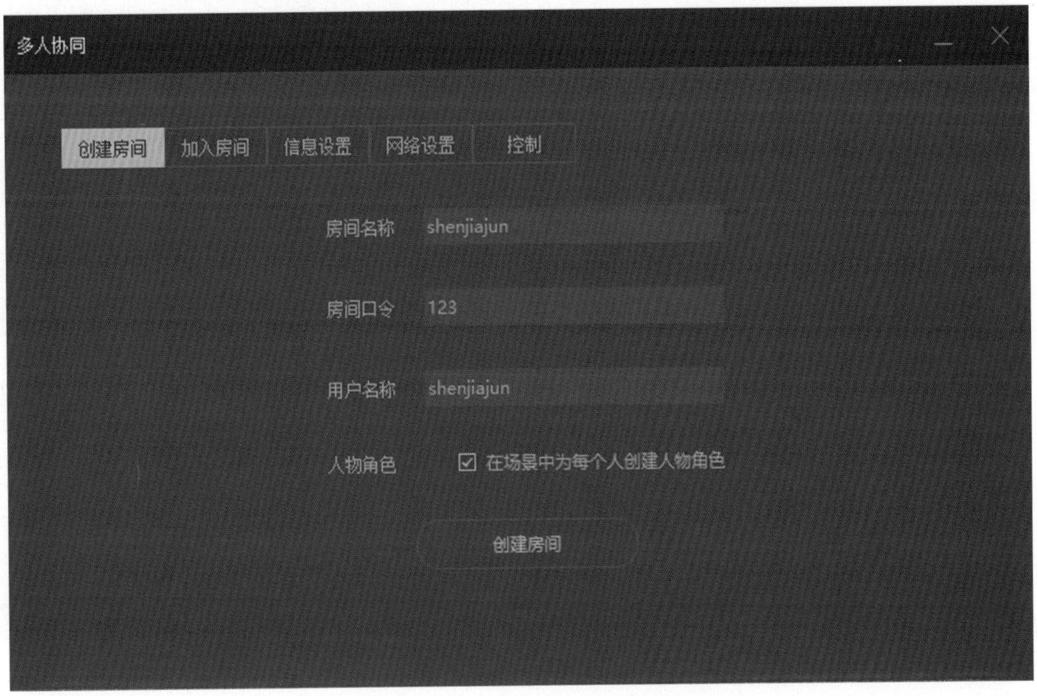

图 2-39　多人协同创建房间设置

在创建房间时，房主可以设置房间名称、房间口令、用户名称（即用户昵称），也可选择是否为房间中的每个用户创建人物角色。该人物角色即当用户进入房间时，可看见场景中的每个人物以一个人物模型的状态在场景中活动，如图 2-40 所示。

图 2-40　房间人物角色

（3）加入房间。在房主完成创建房间后，其他客户端用户选择与房主相同的网络服务器，然后选择"加入房间"。如图 2-41 所示，会对服务器中的房间进行搜索，选择需要加入的房间，并输入正确口令，选择"进入"后即可进入房间。

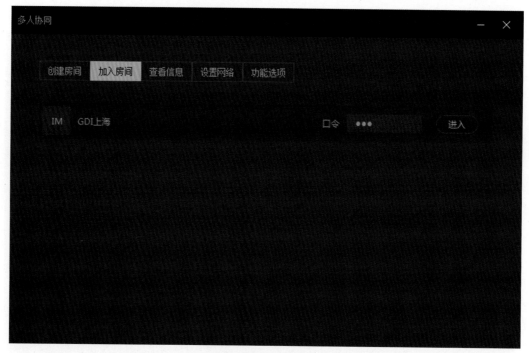

图 2-41 加入房间

（4）信息设置。在菜单信息设置页，可以对昵称、人物形象等进行修改，如图 2-42 所示。

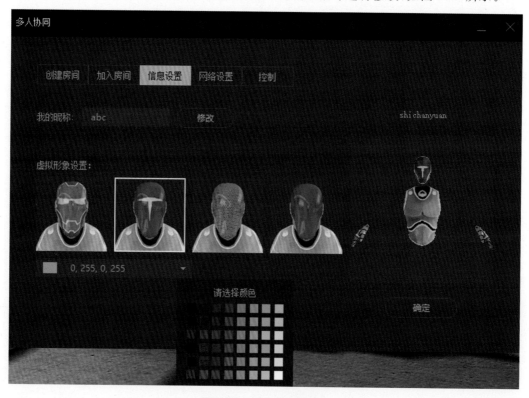

图 2-42 个人信息设置

（5）控制选项。在菜单控制选项页，可以查看房间内除本机以外的用户。另外，还有位置跟随和语音聊天两个功能选项，如图 2-43 所示。

图 2-43　房间主控制功能

• 监控视角：仅房主可以开启，单击对应用户昵称前的视口图标，即可打开该用户的监控视口。房主可以查看该用户当前视角内的场景，多用于教学中（由教师使用）。

• 位置跟随：仅房主可以开启，当房主勾选位置跟随后，房间内用户视角即会跟随房主视角移动，且在该状态下，除房主外的用户无法进行自由漫游移动。

• 语音聊天：房间内所有用户可自主选择是否开启。开启该功能的用户之间可进行实时的语音聊天。

• 退出房间：房间内用户可随时选择退出房间。若房主选择退出房间，则房间解散。

2.3.4　手柄功能

IdeaVR 创世在渲染端启动场景后，除了本身在场景中制作的用户交互外，在各个环境下还具有对应的手柄功能。各头显设备的手柄按键操作在前面已有简单介绍，下面再简单介绍一下手柄菜单中的一些使用功能。

（1）头盔环境下的手柄菜单。图 2-44 为头盔环境下的手柄菜单，共有八大功能。在手柄射线指向功能时，扣动扳机键选中功能，被选中的功能会以发光形式显示。为避免功能重叠与冲突，在选中菜单功能时，将不再触发交互逻辑。

图 2-44　头盔环境下的手柄菜单

- 节点隐藏：射线指向节点后，扣动扳机键，该节点会隐藏。
- 节点显示：选中该菜单功能，会将之前隐藏的节点全部显示。
- 部件移动：射线指向物体，扣住扳机键，将移动物体，松开扳机键即放下物体。
- 自由标注：扣动扳机键可进行三维标注。进入该功能，可在自由标注菜单中选择标注颜色、画笔粗细以及橡皮擦功能，退出自由标注后场景中的标注将清空，如图 2-45 所示。

图 2-45　自由标注

● 距离测量:扣住扳机键,可对场景中的一段距离进行测量,如图 2-46 所示。

图 2-46　距离测量

● 部件归位:需要手柄接触到需要归位的物体,扣住扳机键将物体移回初始位置,在初始位置有红色高亮显示,当物体移动到初始位置附近出现绿色高亮范围时,松开扳机键,物体将自动回到初始位置。

● 全部归位:选中该功能,被移动的物体将全部归至初始位置。

● VR 编辑:选中该功能,进入 3DCity 界面,如图 2-47 所示,手柄扳机键单击模型,拖拽至场景中放下即可将模型导入场景中,扣动扳机键单击模型,左手柄会出现材质面板,可有针对地修改材质、颜色等参数,如图 2-48 所示。

图 2-47　3DCity 界面

图 2-48　VR 环境中实时编辑

（2）3DLED 多屏渲染环境下的手柄菜单，如图 2-49 和图 2-50 所示，相较于头盔环境下的手柄菜单功能，增加了部分特有的功能。在 3DLED 环境下启动场景后，默认为重力漫游的漫游状态，即进入场景后，在一平面上进行自由漫游，该平面高度为在编辑端设置的 Maincamera 高度。在该环境下，当进入自由漫游、拖拽漫游两个漫游功能时，依旧可以触发场景中的交互逻辑。

图 2-49　手柄菜单一

图 2-50　手柄菜单二

- 自由漫游：选中该功能，可以通过手柄漫游键在三维空间中进行自由漫游。
- 拖拽漫游：扣住手柄漫游键，可拖动场景俯仰视角。
- 查看对象：手柄射线指向物体，按下手柄确认键后，可对该物体进行孤立对象查看，场景中其他物体均隐藏，再次按下确认键，回到场景中。
- 多视角：在场景中选择视角位置，按下确认键会记录当前视角，以截图的方式将当前视角记录在视角下方，一次最多可保存三个视角，可用手柄射线直接选中该视角截图，按下确认键，场景视角直接切换至该记录视角中，如图 2-51 所示。

图 2-51　多视角效果

- 视角锁定：选中该功能，G-motion 环境下的眼镜将失去追踪，场景不跟随眼镜的移动而被拖拽。
- 初始视角：选中该功能，场景视口将直接切换至进入场景时的初始视角（Maincamera 视角）。

在渲染端启动场景后,手柄除了具有菜单中的一些功能外,还具有部分使用上的功能,也可以做一些简单了解。例如当手柄触碰到物体时,物体会高亮显示,此时扣住扳机键,可以将物体直接拿起,以移动物体,如图 2-52 所示。

图 2-52 物体移动效果

另外,在头盔模式下还有双手柄缩放功能。当一个手柄接触物体并拿起物体时,另一个手柄再接触到该物体,同时扣住扳机键,双手可对该物体进行放大或缩小的操作,如图 2-53 所示。

图 2-53 双手手柄对物体进行放大或缩小操作

当使用手柄进行瞬移漫游时,按住漫游键,手柄射线切换为钓鱼线模式,且地上出现瞬移位置的圆盘,如图 2-54 所示,松开漫游键,则瞬移至该圆盘显示位置。

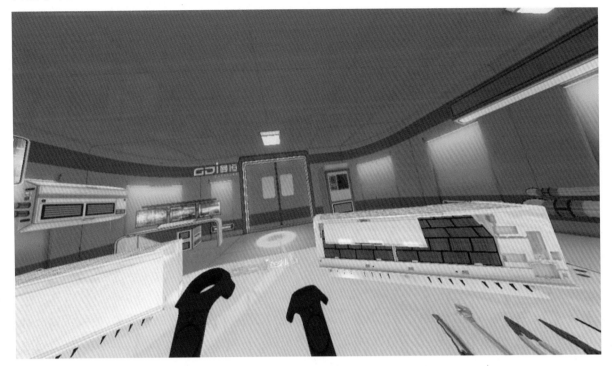

图 2-54   手柄瞬移功能

3 IdeaVR 创世资源导入及应用

在进行 VR 内容创作的时候,通常需要使用大量的模型进行场景搭建,而创建模型与场景的过程会占据大量的资源与时间,这就需在创建虚拟现实内容的时候投入大量的人力、物力进行模型与场景的创建。

为了减少用户在模型与场景创建上的时间与金钱投入,提高用户的创作效率,IdeaVR 创世对目前主流建模软件创建的优质模型内容进行整合,通过模型类别、适配行业等进行分类,形成内置资源商店及在线网站,用户只需进行下载即可导入 IdeaVR 创世中使用,完全解决了建模周期长、模型精度差等问题。同时,该引擎内置数十种优质的环境、场景资源,通过简单的拖拽即可为虚拟场景设置、更换环境或场景。

3.1 资源导入

IdeaVR 创世支持丰富的三维模型格式导入,支持 fbx、dae、obj、stl、3ds 等多种主流通用三维格式模型数据(见图 3-1),同时还支持 BIM 数据以及工业数据格式的导入。

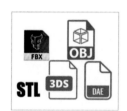 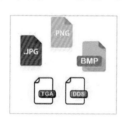 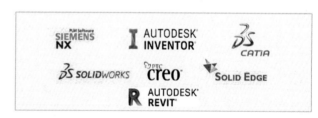

图 3-1 兼容模型格式

IdeaVR 创世工业 CAD 格式的导入模块,除了预设支持六种工业中间格式(stp、step、igs、iges、sat、xt)的导入外,还可以导入 AutoCAD、CATIA、NX(UG)、Creo(ProE)、SolidWorks、Inventor、SolidEdge 等制造业常用的最新版本 CAD 软件的格式。同时,IdeaVR 创世也支持选配建筑行业(BIM)常用的 Revit、Rhino、IFC 等数据导入,以增强三维可视化在 VR 场景中的应用范围。

3.2 预设资源

想要制作一个美观、实用的 VR 内容,首先需要设定一个符合需求的场景作为背景。为此,软件内预设了丰富的场景资源,如环境预设、模型预设、场景预设等,可以方便用户快速进行基础场景的搭建。

打开IdeaVR创世后,在主界面左下方的资源面板就可以看到环境预设、模型预设、场景预设,如图3-2所示。

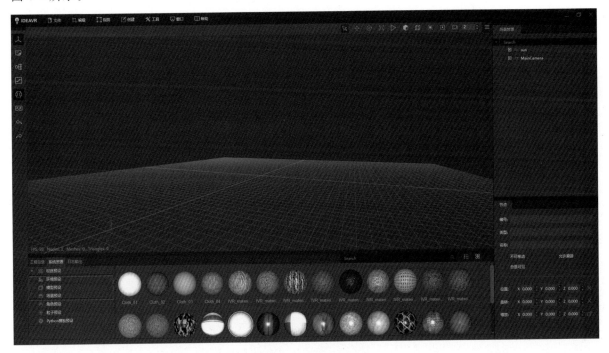

图3-2　预设资源面板

3.2.1　环境预设

在资源面板中,单击"环境预设",可以看到软件内置了多个优质的环境预设,包含室内、自然风景、超市等环境。环境预设能快速搭建出所需要的场景,简化搭建步骤,提升场景环境效果。用户只需随意单击一个环境球并拖入空白场景即可完成环境设置,如图3-3所示。

图3-3　环境预设效果

完成设置后,用户可在场景内通过单击、拖动将已设置完成的环境调整至最佳观察视角。

注意:环境预设为图片的预设,若想在环境的基础上放置其他模型,建议使用场景预设。

3.2.2 模型预设

在 IdeaVR 创世中,用户也可自行快速创建出简单的三维模型,并进行编辑。

在资源面板中,单击"模型预设",可以看到若干个常用的模型预设,包含圆锥体、立方体、圆柱体、平面、角椎体、球体,用户只需单击任意一个模型并拖入场景即可,如图 3-4 所示。

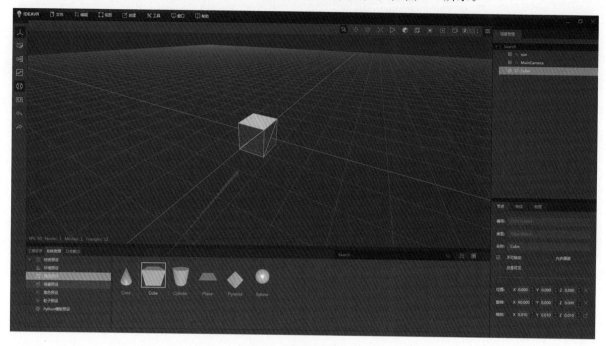

图 3-4　模型预设效果

导入完成后,双击该模型,或在右侧场景管理器中单击导入的模型名称可选中该模型。通过快捷键 F 可快速聚焦至该模型,如图 3-5 所示。

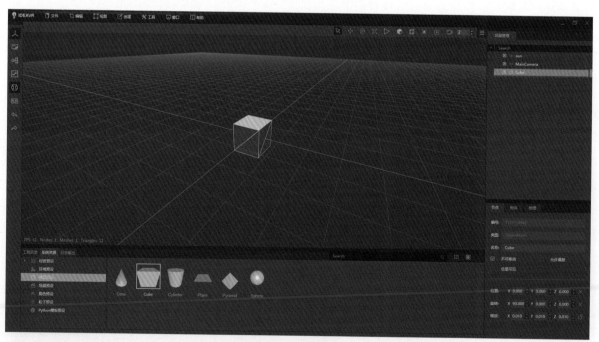

图 3-5　模型聚焦

选中模型后,在工具栏中可以选择对应功能进行模型的编辑。

3.2.3 场景预设

在资源面板中,单击"场景预设",可以看到五个常用的场景预设,包含教室、仓库、厂房等。场景预设能够快速搭建出基础场景,方便用户丰富场景内容。用户只需单击任意一个场景并拖入空白场景即可完成环境设置,如图3-6所示。

图 3-6　场景预设效果

完成设置后,可在场景内通过拖动将已设置完成的环境调整至符合需求的角度。

3.3　模型资源

3.3.1　3DStore

在设定好 VR 场景后,用户需要在完整的模型导入后才可进行虚拟现实操作。IdeaVR 创世自带资源库(3DStore,即商店),其提供了大量的模型资源。这些免费或收费资源来自全球各地的开发者,他们将开发出的优质素材放到 3DStore 上与其他人分享。本节将通过下载相关的素材资源来介绍 3DStore 的功能。

在面板左侧最后一项单击"商店"后,进入 3DStore,如图3-7和图3-8所示。

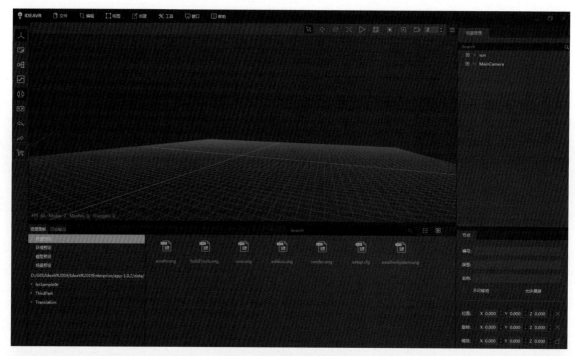

图 3-7   3DStore 启动按钮

图 3-8   3DStore 界面

用户可以自己注册账户,然后以向后台购买积分方式获取丰富的素材。在界面上方有用户名、密码登录窗口,并提供在线模型以及本地模型下载。

登录以后,左侧为商店的类别。通过类别细分可更快地查找到需要的模型素材,同时上方的Search 快速搜索可以更准确地定位到需要的模型素材。在模型素材页可以具体看到模型的参数和效果、是否包含动画 UV 展开情况、是否支持 3D 打印以及 3D 格式类别,如图 3-9 所示。

图 3-9　模型资源分类

商店支持 3ds Max、FBX、Maya 三种格式的模型下载。商店另有部分收费精品模型，用户可自行购买，登录后单击"现在下载"即可，如图 3-10 所示。

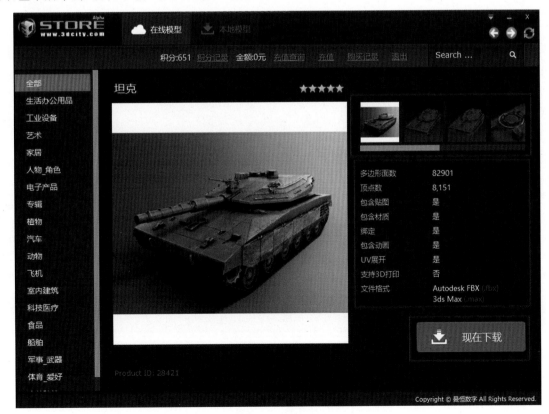

图 3-10　模型下载

下载过程、已下载模型及导入后的效果如图 3-11 至图 3-13 所示。

图 3-11 模型下载过程

图 3-12 已下载模型

图 3-13 已下载模型导入后的效果

3.3.2 资源网站

3DCity(3D 城)作为强大的 3D 数字化内容提供平台,可以为三维技术应用提供内容,进行 3D 数字化内容的交互设计与展示。

该平台主要应用于工业制造、教育科研、出版传媒、娱乐传媒、游戏设计等众多领域。在此平台上，用户可以随时随地地进行 3D 资源的共享及信息交流，大大提升了工作效率，使自己始终保持最佳的工作状态。同时，3DCity 由曼恒专业团队联手打造及维护，可确保网站能持续稳定地为用户服务，并且用户也可将自己创作的优质模型进行上传，以免费或收费的形式与他人共享。

本节以模型下载的操作流程为例，说明 3DCity 的使用。

首先打开浏览器，输入 3DCity 的网址，或在搜索引擎中搜索"3D 城"或"3DCity"，便可快速进入 3DCity 主页，界面如图 3-14 所示。

图 3-14　3DCity 界面

在主界面中，主要有四大功能区域：模型一级分类区域、模型搜索区域、一级与二级分类模型展示区域、用户信息区域。在主页底部，整理有一些使用中的常见问题，用户可以进行查看。

用户可通过三种方式进行模型搜索与模型信息查看。

（1）在模型大类区域，将鼠标指针指向任意模型类别后，会出现在该大类下的二级与三级分类，如图 3-15 所示。

图 3-15　模型分类浏览

（2）在模型展示区域，可以直接单击一级分类、二级分类进入相关分类目录下进行模型查看，也可直接单击模型图片进行查看，如图 3-16 所示。

图 3-16　模型查看

在每一个模型图片下方，会对该模型的名称、制作人、被点赞次数、收藏次数与浏览次数进行展示。单击模型图片后，用户可以看到模型效果图、模型作者、售价、格式等相关信息，也可下载，如图 3-17 所示。

图 3-17　模型下载

3.4　场景物体创建

IdeaVR 创世还内置了不同类型的资源，以丰富场景素材，为搭建场景提供便捷。可创建物体包括节点、相机、草地、布告板、粒子、灯光、多媒体、UI 组件等，如图 3-18 所示。

3.4.5　创建粒子效果

粒子特效是指模拟现实中的水、火、雾、气等效果。其原理是将无数的单个粒子组合,使其呈现出固定形态,并借由控制器、脚本来控制其整体或单个的运动,以模拟出真实的效果(详情参见第5章)。

通过 IdeaVR 创世的粒子系统能够实现丰富多样的视觉效果,图3-22为实现的火焰效果,图3-23为实现的水滴效果。

图 3-22　火焰效果

图 3-23　水滴效果

3.4.6　创建灯光效果

光源是每个场景的重要组成部分,因为它决定了场景环境的明暗、色彩和氛围。合理使用光源可以创造出完美的视觉效果。光源特效分为四种:点光源、聚光灯、泛光灯、平行灯(详情参见第4章)。

3.4.7 创建水效果

水元素是自然环境的重要组成部分,是人类生存发展的依据。水也是在创建场景时经常被用到的节点,添加水更能充实场景的完整性,增加其真实性,所以水元素的表现更具有极大的创造空间。IdeaVR 创世包含两种水元素节点,分别为水面、网格水面,如图 3-24 所示。

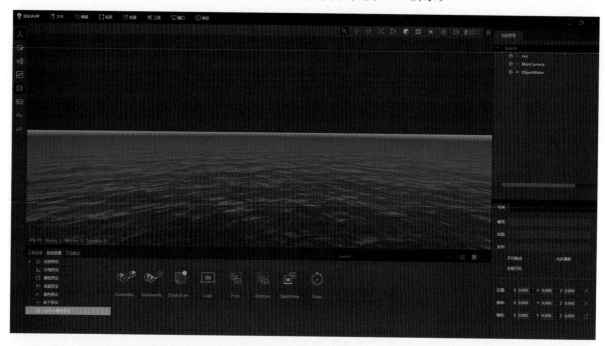

图 3-24 创建水面效果

网格水面支持 Mesh 格式的模型转换,如图 3-25 所示。

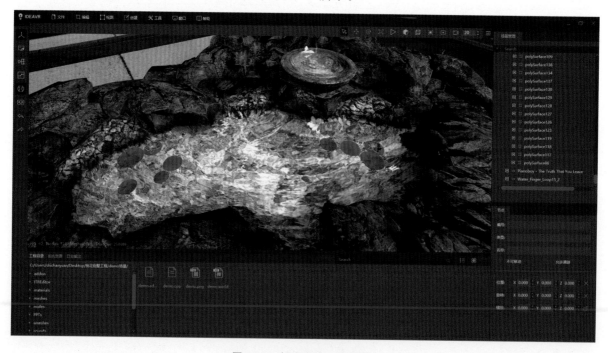

图 3-25 创建网格水面效果

3.4.8 创建多媒体效果

多媒体技术专指在程序中处理图形、图像、影音、声讯、动画等的计算机应用技术。IdeaVR 创世包含四种多媒体效果:音频、视频、幻灯片、Flash。

3.4.9 创建 UI 组件效果

User Interface 组件,即用户界面组件,包含一个或几个具有各自功能的组合,最终完成用户界面的表示。UI 组件包含文本框、按钮。

(1)文本框,可修改文本属性,文字内容,字体颜色、大小、间距等,通常可作为场景中的提示面板存在,如图 3-26 所示。

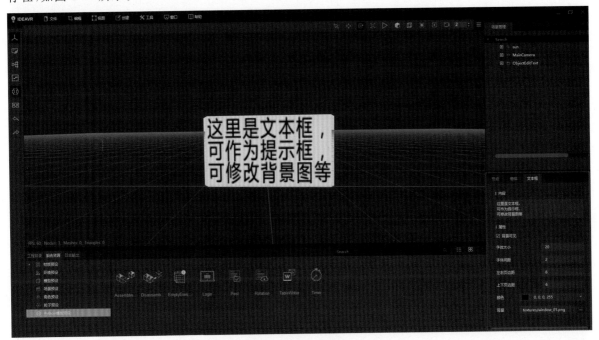

图 3-26　文本框属性

(2)按钮,可修改按钮皮肤,绑定触发动画,修改按钮的字体大小、颜色、间距,修改触发范围等,通常可在场景中模拟物体的触发按钮等效果,如图 3-27 所示。

图 3-27　按钮效果

3.4.10 出题

用户可根据自身选择来随意设定题目内容,以供课下制作练习。

使用考题编辑创建出单选、多选及判断题库，使用常规题功能把该题库导入场景中，如图 3-28 所示。

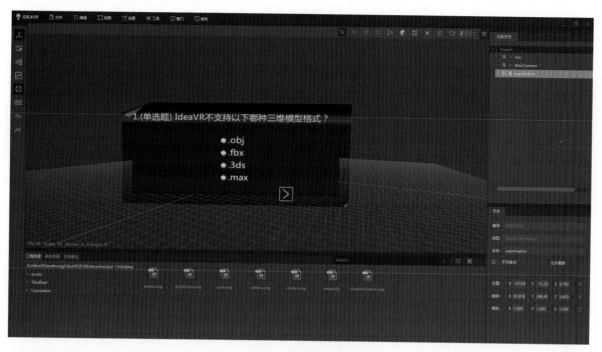

图 3-28　常规考题界面

单击"操作题"即可创建出操作题，如图 3-29 所示。

图 3-29　操作题界面

3.4.11　创建考题编辑效果

用户可根据课堂授课教程来编辑考题，供学生在 VR 环境中进行考试。

3.4.12　创建空间触发器

触发器是在场景中规划一个指定区域，作为交互触发的方式之一。可在属性栏修改触发器的条件，如图 3-30 所示。

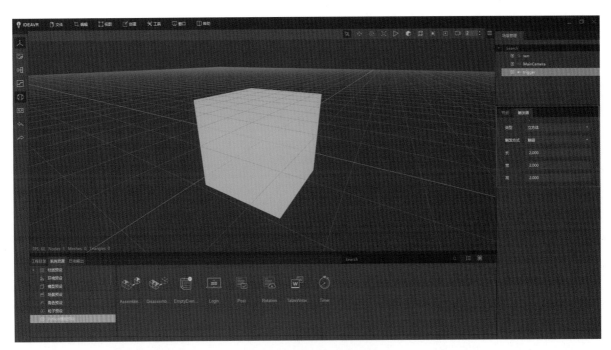

图 3-30　触发器效果及参数

3.4.13　创建遮挡剔除效果

遮挡剔除技术是指当一个物体被其他物体遮挡住而相对当前相机不可见时，可以对其不进行渲染。IdeaVR 创世提供了四种遮挡剔除供用户选择，分别为遮挡物体、遮挡剔除、区域剔除、入口剔除（详情参见 4.9 节）。

3.5　多媒体应用

在使用虚拟现实技术进行展示或教学时，用户往往需要对某些重要的原理进行重点展示讲解，但又不好通过 VR 技术来表示。这部分内容使用传统的展示、教学方式，其效果会更加好，如幻灯片（PPT）、视频、音频等多媒体形式。因此，为了保留传统的展示、教学方式的优势，IdeaVR 创世专门设立了多媒体模块，可以一键导入 PPT、视频、音频、Flash 等多媒体内容，同时结合 VR 技术，达到了更加方便快捷的展示、教学。

本节介绍如何在 IdeaVR 创世中导入多媒体文件。

首先打开 IdeaVR 创世软件，单击"菜单"，选择"创建"功能，再选择"多媒体"，其中多媒体包括音频、视频、PPT、Flash 四大类。用户可以选择对应的多媒体文件进行导入。

3.5.1　导入音频

在 IdeaVR 创世中，通过多媒体模块可以实现快速导入音频文件，同时通过交互编辑器可对音频文件进行交互逻辑设定，并在预览模式下进行播放。下面通过导入具体音频及对音频制作相关特效进行详细介绍。

IdeaVR 创世支持多种格式的音频，包括 mp3、ogg、wav。音频导入的过程如下：

单击"菜单",选择"音频导入",弹出如图 3-31 所示的窗口。

图 3-31 音频导入窗口

先看右下角的音频格式下拉框,会显示出软件支持的三种音频格式。在此,打开的是 mp3 格式的文件。

可双击打开音频文件,也可单击选中音频文件后再通过单击右下角的"打开"按钮来打开,成功导入音频文件后的软件界面如图 3-32 所示。右侧场景管理器显示 music1 音频节点,场景预览窗口显示音频的包围圈,场景只要是在该包围圈里的都可以听到声音。当播放声音文件时,如果出现无声的情况,需要检查当前声源的覆盖半径。

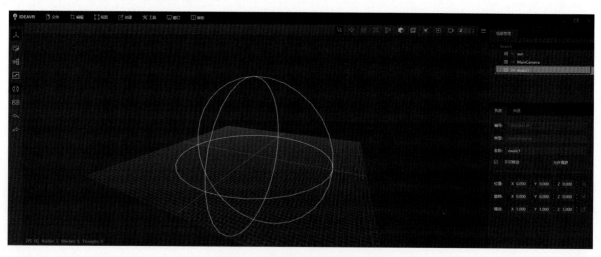

图 3-32 音频导入后的显示界面

声源属性栏如图 3-33 所示,第一栏显示的是该音频文件在本机的存放路径,接下来的分别是 Occlusion、衰减、循环、最大距离、最小距离。

图 3-33　声源属性栏

• Occlusion：阻塞音响，还原场景真实音效，即利用障碍物对声波的阻塞精确再现真实环境音效，如经过不同材质的墙体反射后的声波会产生不同的音效，从不同角度传来的声音也会产生不同的感受。

• 衰减：勾选后的效果就是由远及近伴随着声音的由小变大。图 3-32 里的音频呈一个包围圈，那么在包围圈的边界处和在中心处听到的声音的大小是不一样的，存在着由近及远的递减，这贴合现实场景里音频的衰减。

• 循环：勾选后音频在场景里面循环播放。

• 最大距离和最小距离，调节的是音频包围圈包围的范围。以上场景里显示的都是最大距离为 20、最小距离为 0 的范围。图 3-34 显示的是最大距离为 30、最小距离为 5 的包围圈，那么音频的播放范围就是大于 5、小于 30 的包围圈范围，在小于 5 的范围内是无法听到音频的。

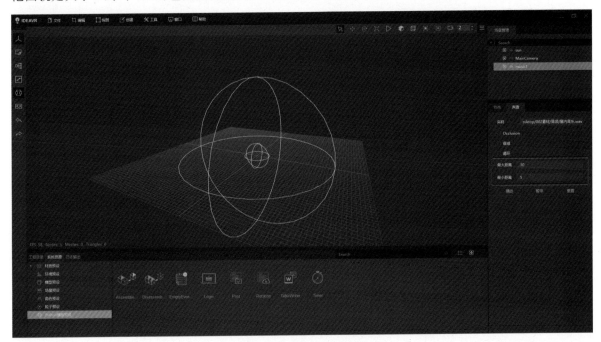

图 3-34　包围圈范围调整

图 3-34 里的播放、暂停、重置三个按钮用于控制编辑端对音频的操作。需要注意的是，对音频的操作一定要在包围圈范围内进行，即相机主视角需要移动到范围里面。

音频也是可以创建出不同效果的。通过动画编辑器,可以对音频进行如图 3-35 所示的 play(播放)、pitch(音调)、gain(增益)、minDistance(最小间距)、maxDistance(最大间距)等操作。创建音频动画首先就需要播放出声音,所以选中 play(播放),在弹出的节点选择框中选择音频节点 BINGBIAN,得到如图 3-36 所示的动画。关键帧栏里的高亮表示音频为播放状态。

图 3-35　音频播放制作

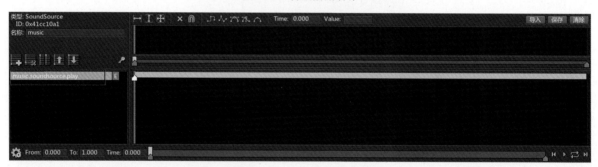

图 3-36　音效动画展示一

再给音频添加音效动画,选中 pitch(音调)(见图 3-37),创建出如图 3-38 所示的动画。

图 3-37　音频音调制作

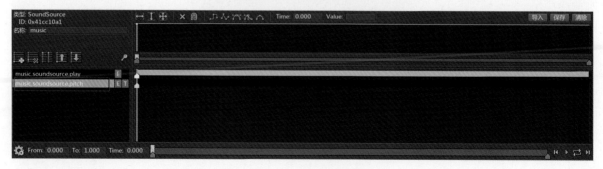

图 3-38　音效动画展示二

分别给音效添加关键帧(见图 3-39 至图 3-41)。这里添加的 3 个关键帧分别为 2、5、2,播放出来的声音会随着设置的数值逐渐加快至 5,最后再变缓,趋近于 2。

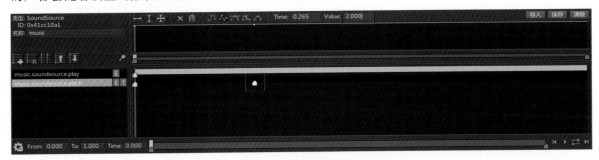

图 3-39　音效关键帧一

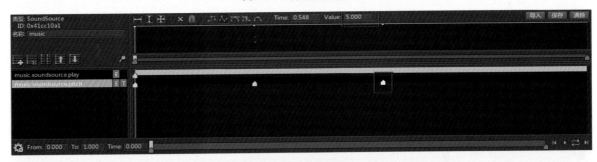

图 3-40　音效关键帧二

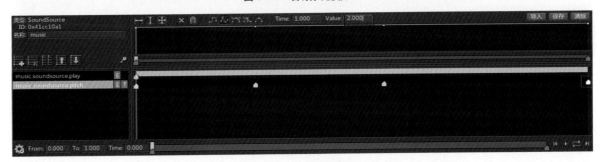

图 3-41　音效关键帧三

音频动画还有一部分不在动画编辑器 node 的下拉栏里。如图 3-42 所示,导入 scale 混音,播放方式同上,得到图 3-43。

图 3-42　scale 混音制作

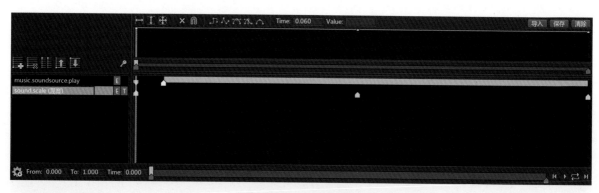

图 3-43　scale 混音动画

下面的音效制作同上。这里存在的最小距离、最大距离的动画设置也是可以创建动画的。通过动画创建出范围的远近伸缩变换过程。如图 3-44 所示,最小距离由原先的 5 放大到 20。如图 3-45 所示,最大距离由原先的 20 放大到 50。动画音效创建完成后保存至工程文件里,命名为 111. tracker。也可单击右下角的三角形进行预览,听一下自己制作的音频特效。

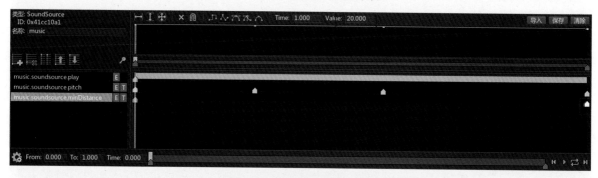

图 3-44　修改声音的最小距离

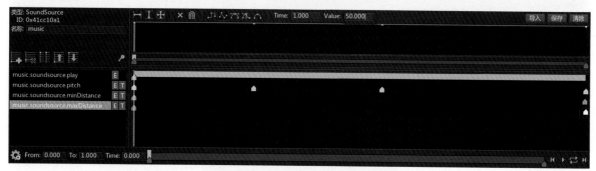

图 3-45　修改声音的最大距离

这里主要以拖拽的方式进行交互编辑器的创建,具体操作方法请参见第 7 章交互编辑器模块。

3.5.2　导入视频

在 IdeaVR 创世中,通过多媒体模块可以实现快速导入视频文件,同时通过简单的编辑可将导入完成的视频放置在合适的位置以及对已编辑的内容进行预览。视频的导入与音频的导入有许多相似之处,下面对具体视频导入进行介绍。

IdeaVR 创世支持多种格式的视频,包括 avi、mkv、mov、mp4、mpg、ogv、wmv。视频导入的过程如下:

单击"菜单",选择"视频导入",弹出如图 3-46 所示的窗口。

图 3-46 视频导入窗口

选出所要导入的视频,导入后的效果如图 3-47 所示。

图 3-47 视频导入后的效果

导入视频节点后,其视频属性如图 3-48 所示。

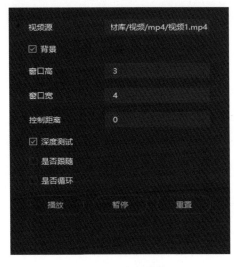

图 3-48 视频属性

通过视频属性面板可见到其与音频的相似之处。视频节点是显示的背景,所以需要设置背景的宽和高。图 3-48 中高、宽的大小分别为 3、4,可进行参数调节。

- 深度测试:勾选状态决定是否进行深度测试。
- 是否跟随:勾选后,无论视角怎么旋转,视频界面一直面向自己。
- 是否循环:勾选后,视频一直循环播放。

3.5.3　导入 PPT

在 IdeaVR 创世中,通过多媒体模块可以实现快速导入幻灯片,同时通过简单的编辑可将导入完成的幻灯片放置在合适的位置以及对已编辑的内容进行预览。下面以具体的 PPT 导入为例,进行幻灯片导入的介绍。

打开 IdeaVR 创世软件,单击"菜单",选择"导入幻灯片",弹出选择导入幻灯片的窗口。该窗口右下角会提示所支持的 PPT 格式(Microsoft office 以及 WPS 版本的办公软件均可制作 pptx 格式的幻灯片)。

选择好需要导入的 PPT,单击"打开",导入 PPT 至场景视口中。此时会在场景管理器中显示一个 PPT 节点,如图 3-49 所示。可以在场景中根据场景需要,对幻灯片的位置、旋转和缩放信息进行修改。需要注意的是,移动、摆放幻灯片的时候一定要选择父节点,否则按钮移出后无法翻页。

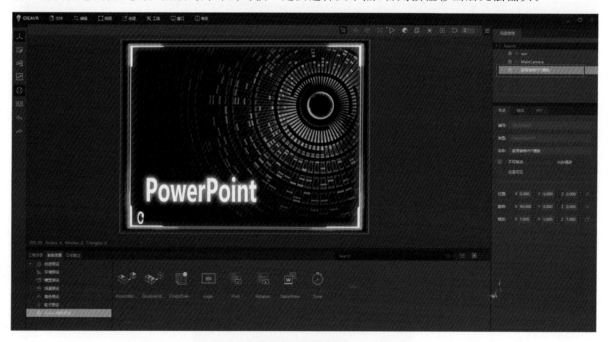

图 3-49　PPT 节点

该 PPT 节点包含三个子节点:left、right、start,是 PPT 中的三个按钮节点,控制着 PPT 的播放、翻页和重置操作。如图 3-50 所示,红色标识位置为按钮大致默认位置。若需要对按钮位置以及相关属性进行修改,可在场景管理器中选中需要修改的按钮,然后在属性面板选择按钮属性进行修改。由于这三个默认按钮的属性为不显示背景,所以在导入 PPT 后,场景中的这三个按钮是不可见的,但是在场景中可以通过鼠标或者手柄射线这两种方式去按确定键来对场景中的幻灯片进行播放、翻页和重置操作。

图 3-50　翻页按钮设置

在异地多人协同的过程中,幻灯片的播放效果也可达到实时同步的效果。在教学应用领域,播放幻灯片教学是常用的展示方式,那么可以在同一场景中实现异地使用同一场景协同操作。协同房间中的用户均可借助鼠标或者手柄对 PPT 进行操作,并且同一房间中的用户可以达到实时同步效果。

此外,在场景管理器中选择 PPT 父节点后,属性栏中还有部分 PPT 节点的特有属性可供编辑,如图 3-51 所示。

图 3-51　PPT 编辑面板

- PPT 源:显示导入幻灯片的路径。

- 背景:勾选状态决定是否显示 PPT 背景。

- 深度测试:绘制图片后的深度缓冲区,来解决先绘制的、被覆盖的、没有意义的运算操作。

另外还有三个按钮,分别为开始、上一页、下一页,是在编辑端用来对 PPT 进行播放、翻页和重置操作,与场景视口中触发 PPT 的按钮操作相同。

幻灯片在导入 IdeaVR 创世软件后,还可在场景中对 PPT 进行再次编辑。在具体的应用场景中,可在 PPT 中插入链接。

在 PPT 中插入链接主要是通过插入按钮的形式来做链接按钮,可以在 PPT 的任意一页进行插入链接操作。在按钮下可添加音频、视频、动画,作为按钮事件,并通过按钮来触发音频、视频及动画的播放。

- 创建按钮:将 PPT 翻页至需要插入链接的页面,然后在场景管理器界面选中 PPT 节点,单击,选择"添加按钮"操作,如图 3-52 所示。该添加操作会在 PPT 当前页面添加一个按钮,且仅在当前页显示,PPT 翻页后自动隐藏,不触发该超链接。

图 3-52　PPT 按钮链接设置菜单

　　创建按钮后,会在场景管理器的节点面板中显示。在该 PPT 节点下,会出现一个 ObjectButton 的子节点,且会在视口中的 PPT 上显示一个按钮,如图 3-53 所示。

图 3-53　PPT 按钮节点

　　后面可对该按钮属性进行修改,将按钮位置移动至 PPT 中合适的位置摆放。如图 3-54 所示,在目录文字上方添加视频介绍的链接,选中前面创建的按钮,在按钮属性中输入对应内容文字"视频介绍",并将背景隐藏,按钮属性调整完毕。那么在场景中,可以通过单击或射线选中,确定 PPT 中该按钮的位置,即图中"视频介绍"红色线框位置。

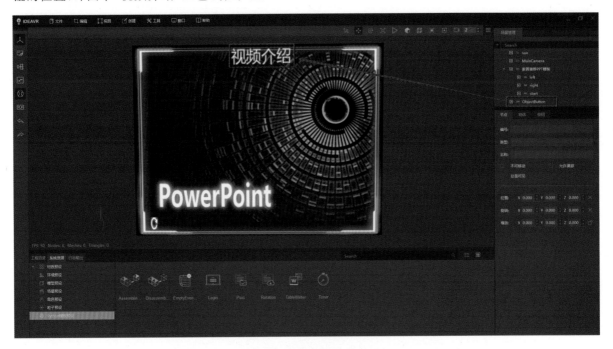

图 3-54 PPT 链接按钮设置

• 视频链接:实现视频链接,是针对前面添加的按钮做一个按钮触发视频播放的事件。首先通过前面介绍的视频导入方式,在场景中导入所需要的视频。在对视频的基本属性进行修改后,在场景管理器中通过鼠标拖拽的方式,将视频节点拖拽至前面创建的按钮子节点上,如图 3-55 所示。

图 3-55 视频链接

通过上述操作,将视频节点作为按钮节点的子节点后,触发该按钮事件,将触发子节点视频的播放与暂停事件。该触发的事件在 PPT 翻页后,该按钮隐藏,该事件状态也自动隐藏。例如在 PPT 的其中一页有视频链接,单击链接后,触发视频播放事件,然后对 PPT 进行了翻页。翻至下一页后,该 PPT 按钮被翻页隐藏,且按钮触发的视频也同时隐藏,即暂停。

• 音频链接:制作音频链接的方法与视频链接的相同,也是通过将音频节点拖拽成为按钮节点的子节点。

• 动画链接:制作动画链接的方式与音频、视频链接有所不同,制作动画链接是直接在按钮的属性中链接动画文件即可。如图 3-56 所示,在按钮属性栏的最下方有按钮动画,在按钮动画的下拉菜单中添加已经制作完成的 tracker 文件即可。动画的制作在动画编辑器中会详细介绍。

图 3-56   动画链接设置

制作完成动画链接后,当触发 PPT 中的按钮时,会播放该动画。

3.5.4   导入 Flash

在 IdeaVR 创世中,通过多媒体模块可以实现快速导入 Flash 动画文件,同时通过简单的编辑可将导入完成的 Flash 动画放置在合适的位置以及对已编辑的内容进行预览。Flash 动画的导入与音频的导入有许多相似之处。

IdeaVR 创世支持 swf 格式的 Flash 动画,以下是 Flash 动画的导入过程。

单击"菜单",选择"Flash 动画导入",弹出窗口。选出要导入的 Flash 动画,导入后的效果如图 3-57 所示。

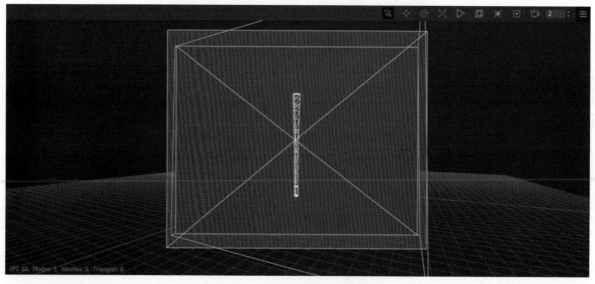

图 3-57   Flash 动画导入后的效果

导入 Flash 动画节点后, Flash 动画属性如图 3-58 所示。

图 3-58　Flash 动画属性

通过 Flash 动画属性面板可见到与视频的相似之处。Flash 动画节点为显示的背景, 需要设置背景的宽和高。图 3-58 中高、宽的大小分别为 3、4。

- 深度测试:勾选状态决定是否进行深度测试。
- 是否循环:勾选后, 视频一直循环播放。
- 播放、重置、暂停:与音频相同。

3.6　考试系统

IdeaVR 创世不仅支持常规 VR 内容的制作, 还支持在 VR 场景内进行考试形式自定义与题目自定义。此功能不需要再次编程和修改, 所以, 其零门槛的自由运用非常适合学校师生对课件内容的虚拟现实化。同时, 对于某些企业类用户, 也可以通过考试系统的编辑和再创作因地制宜地制定符合岗位需求和企业文化的员工培训系统。下面从考试系统的题考编辑、操作考试编辑与操作考试过程注意事项等几个方面对本应用的考试系统进行介绍。

3.6.1　编辑考题

启动 IdeaVR 编辑端的界面, 单击"创建"→"考题编辑", 打开常规题考试的编辑界面。本部分的考题编辑主要针对常规题, 操作题则不需要在此进行编辑。

考题形式有单选题、多选题、是非题三种形式, 如图 3-59 所示。在具体的应用场景中, 用户可以根据项目实际需求自定义常规题目的类型。在场景中通过鼠标对考试面板进行位移、旋转和缩放操作, 将考试面板放置到场景中合适的位置处, 也可通过在交互编辑器中更改考题的触发方式, 来定制个性化的使用场景和效果。

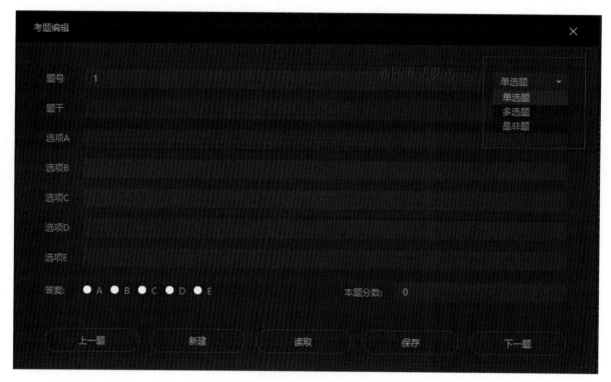

图 3-59　题型选择

选择所需的考试模式进行题目编辑,内容如下:

(1)在选项栏中输入选项。

(2)在答案栏 A、B、C、D、E 的内容中,勾选正确的选项内容。

(3)在编辑页面的右下角设置题目的分数。

(4)如果还需要编辑下一道题目,只需按照以上步骤完成本题的编辑,再单击编辑页面的"下一题"按钮,便可直接进行后续的考题编辑。示例如图 3-60 所示。

图 3-60　考题编辑示例

所有考试内容编辑完成后，命名并再单击"保存"，保存为一个名为 kaoti.xml 的文件，如图 3-61 所示。

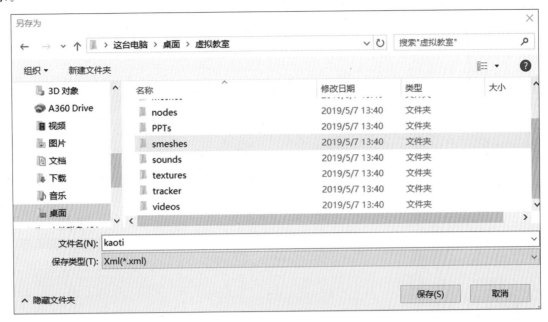

图 3-61　考题保存

3.6.2　创建考题

IdeaVR 创世的考试系统不仅支持常规题目的创建和应用，还支持对 VR 场景的内容、用户操作流程类进行创建和考核。该类考试可以应用在机械制造专业针对机械装配的环节，以及化学实验流程的操作考核、设备认知考核等。

常规题出题步骤如下：

(1)考题导入：找到上一步保存的 kaoti.xml 文件，然后打开。VR 场景出现考题成功导入的画面，如图 3-62 所示。

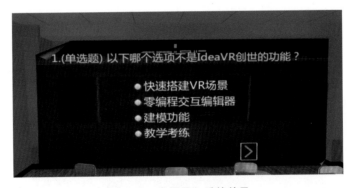

图 3-62　考题导入后的效果

(2)场景保存：在导入考题，调整好位置之后，需进行场景保存。

(3)编辑端考题预览：在鼠标指针处于选择状态下，单击界面右上角的预览工具，进入预览模式，进行考题预览。此时可进行答题，并会出现最终成绩和错误选项汇总，如图 3-63 至图 3-65 所示。

图 3-63　考题预览工具

图 3-64 开始答题

图 3-65 考核成绩

操作题出题步骤如下：

（1）如图 3-66 所示，进入操作题出题界面。

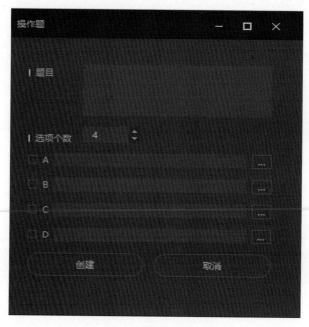

图 3-66 操作题出题界面

（2）在题目一栏输入"请选择正确的零部件"，并设置选项个数。

（3）从右边的菜单栏中选择要进行测试的零部件，并把文件通过拖拽的方式放入选项中，如图 3-67 所示。选项右边的按钮具有取消功能。

图 3-67　操作题选项设计一

（4）依次按照以上顺序对其他选项进行创建，如图 3-68 所示，然后单击"创建"。

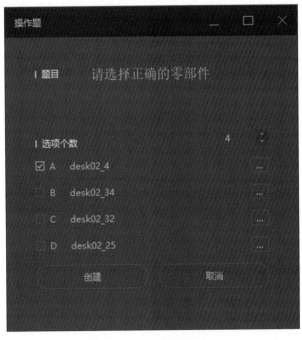

图 3-68　操作题选项设计二

(5)至此,操作题便创建成功了,如图3-69所示。同时,每个按钮都可以进行 UI 编辑,使之美观。用户在 VR 场景中,通过手柄、鼠标、键盘或者空间触发器等选择相应的选项,系统后台对选择的选项进行正误的评判。

图3-69 操作题答题操作

操作考试过程注意事项:在 IdeaVR 创世场景中使用操作题答题方式时,如果操作题在场景中设置了默认隐藏,那么在实际的考试环节,该题目便不会被考生触发。这个属性大部分运用在了制作考试环境但需要跳过场景暂时不进行考试的教学环节当中,教师可以根据自己的教学进度对学生进行操作题目的考试,在后台对考试板块进行默认隐藏的设置,在教学完毕后再对学生进行操作考试。

在使用过程中,操作题考试所有的场景交互都会失效,只显示操作题的交互过程。若学生操作时失误,后台会默认一直重复进行考试过程,直到通过考试。

3.7 练习

(1)创建一个场景,包含草地、粒子、相机、水,可自选添加多媒体、考题板。

(2)书中介绍了两种音频动画特效,请把 node-soundsource 和 sound 里面剩余未创建的部分自行添加音效,感受音频文件通过不同动画达到的不同音效。

(3)打开一个空场景,给该场景添加漫游,将场景五等分,添加五段音频,通过控制平移、最大距离、最小距离将音频分布在五个部分,分别设置成不同的触发方式,加上衰减将场景打包成 ivr 格式,在 player 端运行触发感受。

(4)打开一个场景,创建一个 PPT,通过给 PPT 添加按钮的方式添加音频、视频、动画,动画设置成在场景中可以使用节点的位移旋转等基础操作,也可以添加制成不同音效的音频动画文件。

(5)综合题,请严格按照以下提示进行操作:

导入音频,将音频添加混音从1到5再到1,最大距离、最小距离分别设置为100、20,勾选衰减,添加相机绑定动画横穿整个场景。

导入视频,将视频面板放大至 10×10,置于相机动画最末端。

场景初始添加 PPT,在 PPT 里面创建两个按钮。第一个按钮触发小标题1的音频,第二个按钮链接相机动画。场景末尾再创建一个 PPT,添加触发视频播放的按钮,播放小标题2的视频。

4 IdeaVR 创世材质及渲染效果

4.1 材质贴图

在虚拟现实内容的制作中,模型的材质贴图直接决定了最终整个项目的画面呈现效果。受美术资源制作难度的限制(主要是面片数量上的限制),有些模型无法达到所需要的精度,这就意味着需要通过合理地处理材质贴图来进行弥补,从而达到令人满意的视觉渲染效果。

本章节将对 IdeaVR 创世中的材质贴图部分进行详细的说明,遵循由静态贴图(包括金、木、土)到动态贴图(包括水、火等)的讲解顺序,每一部分均由浅入深地进行介绍。

IdeaVR 创世的资源面板支持材质的实时预览,如图 4-1 所示。在材质贴图这一部分的制作中,只需要对界面中的部分功能进行了解即可,剩余部分会在后续的介绍中进行更详细的说明。图中所标示的部分为系统材质预设。IdeaVR 创世自带 120 种材质预设,可以方便用户快速赋予物体材质。单击工程目录中的 materials 文件夹,可以看到当前场景中所应用到的所有材质。

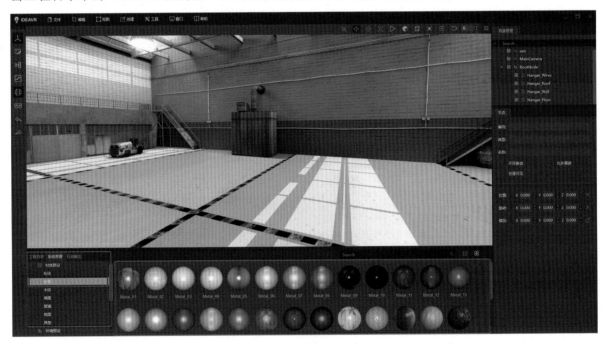

图 4-1　材质面板实时预览

IdeaVR 创世预设材质提供了布纹、金属、木纹、墙面、玻璃、地面等常用材质。其中,金属材质是日常生活中最常见的材质之一,包括简单的镀铬金属、有色金属、有磨损的金属和生锈的金属等。通过对贴图的处理,用户可以将上述材质逐一实现,从而使设计的模型更加趋于真实,下面将对金属贴图的处理进行详细的介绍。

4.2 材质功能

为了提升 IdeaVR 引擎的易用性,整个材质功能(又叫"材质编辑器",默认位于主界面右下角属性面板的物体标签页)并无太多分区,从图 4-2 中可以看到左侧长条红框是场景中所用到的所有材质球的参数显示界面。

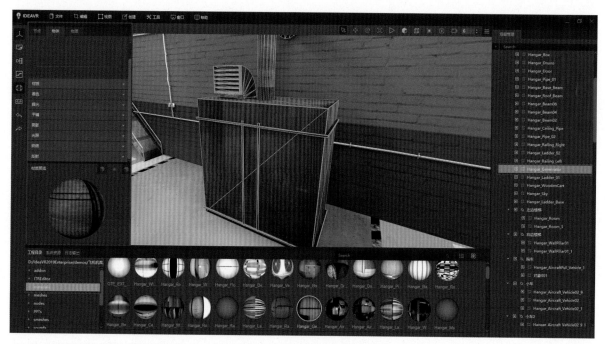

图 4-2　材质球参数面板

中间上方红框为材质预览效果图,更改材质参数后可以在此位置实时预览。图中英文 box 为材质球的显示方式,默认为正方形,可换成球形(sphere)或十二面体(dodecahedron),如图 4-3 所示。

图 4-3　材质球预览效果

具体选中的物体的材质由材质、着色、辉光、平铺、阴影、光照、烘焙、剖切、反射属性组成。通过每个属性的设置(见图 4-4)可以控制相应的效果,具体参数设置和效果参见 4.4 节。

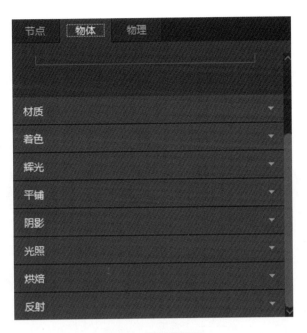

图 4-4　材质设置项

4.3　预设材质库

在学习了材质面板的整个框架后,现在来看看通过不同材质球分别能达到什么样的效果。

(1)布类材质球。在现实生活中,布料常常是用棉、麻及棉形化学短纤维经纺纱后的织成物,表现的特点一般是高光很弱或者无高光,基本没有反射(一些化纤织物可能有高光和反光)。图 4-5 显示的是软件中预设自带的三种布类无高光、无反射的基础效果。

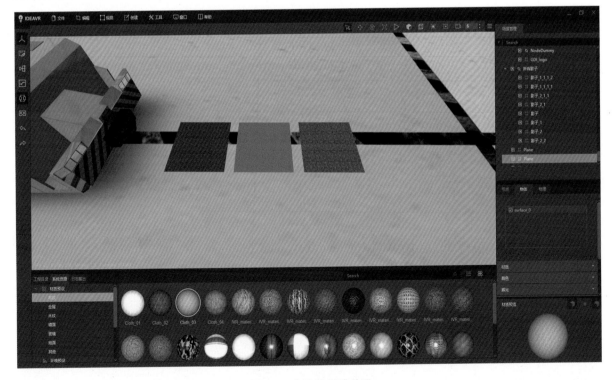

图 4-5　布类材质球效果

（2）金属类材质球。金属类材质球里面有很多预设的材质球，主要是反射、高光之间的区别。金属有很多种类，有镜面效果、拉丝、生锈等。但除了漫反射贴图不同，无外乎是高光与反射之间的差异。如图 4-6 所示，一个是拉丝镜面的金属，一个是生锈的金属。拉丝镜面用的是图 4-6 中的材质球。这个材质球已经有了很强的反射，但镜面拉丝还会有很强的高光，所以加强了材质球的高光和光泽度，使其更接近真实的拉丝镜面。从图 4-6 可以看到，生锈的金属无论是高光还是反射都比拉丝镜面弱很多，所以使用了反射比较柔和的材质球。

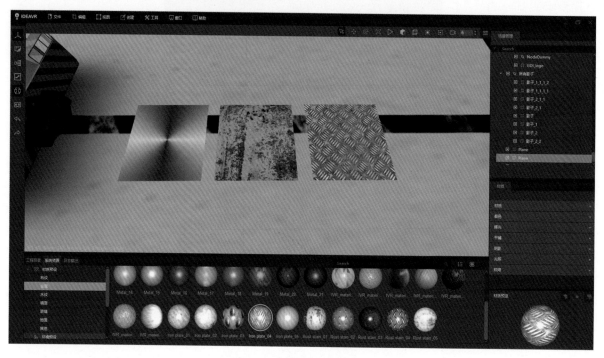

图 4-6　金属类材质球效果

（3）木纹材质球。顾名思义，木纹材质球是以天然木材的纹理去体现场景中的地表。木板相对有一定的亚反光，而反光也是基于阳光照射的强弱状态予以呈现的。图 4-7 为部分木纹材质球的效果。

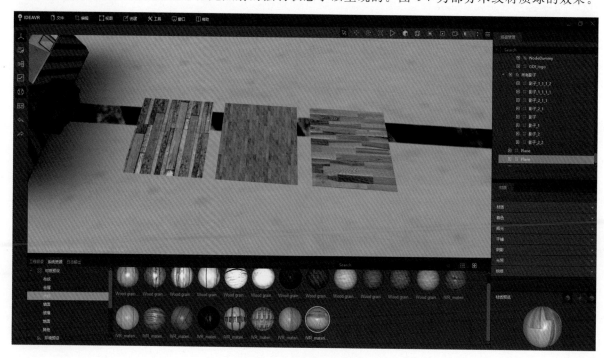

图 4-7　木纹材质球效果

（4）墙面类材质球。墙面类材质球里面有很多预设的材质球，基本来说是反射、高光之间的区别。墙面有很多种类，有砖头效果的、水泥效果的、岩壁效果的等。但除了漫反射贴图不同，其他的仅是高光与反射之间的差异，如图 4-8 所示。

图 4-8　墙面类材质球效果

还有很多其他类型的材质球，如地面、木头等，如图 4-9 所示，其原理是相同的，大家可以自己动手实践一下，看看能做出什么样的效果。

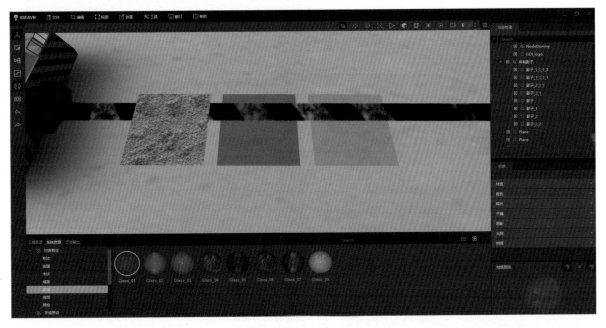

图 4-9　其他材质球效果

4.4　材质属性

以上介绍了 IdeaVR 创世材质球的基本内容，但大多数物体仅用预设的材质球是远远达不到项目中所需要的效果的，这时就需要对其进行特殊处理。

先创建一个默认的材质球,单击大类中的默认材质球,然后在细分里面选择第一个默认材质球,同时拉到材质球的显示界面中。单击刚才创建的材质球,可以看到材质球属性编辑界面出现了各项参数,如图 4-10 所示。

首先看到的是所选物体的材质基础属性,可以在这里修改材质名称。材质继承可以复用已有材质库里相同的材质资源,这样不仅节省了贴图数量,而且在调节属性方面也是很方便的。只要调节了一个通用的材质球,就可以改动相同的材质属性,更加方便、高效。

• 渲染方式:针对物体的透明和不透明属性进行的归纳,如玻璃等材质只要选择透明就可以有透明的效果。

• 双面:顾名思义,就是通过勾选双面达到正面、反面都具有材质的效果。在 IdeaVR 创世中,默认只绘制法线朝向观察者的三角面片,以提高渲染帧率。开启双面支持后,在三角网格与视角方向一致时也会进行绘制,进而保证在模型的任意一面都能看到物体。

着色部分分为常用的三张贴图选项,如图 4-11 所示,有漫反射贴图、高光贴图、法线贴图等属性,通过拖拽式着色可以大体地让物体的材质质感表现出来。

图 4-10　材质基础属性　　　　　　　　　　图 4-11　贴图效果预览

• 漫反射贴图：漫反射颜色控制贴图的颜色变化，漫反射范围控制亮度范围。

• 高光贴图：高光范围控制高光范围的强弱，光泽度控制高光的范围大小。

• 法线贴图：法线范围控制强弱，环境范围可增加物体整体亮度。

首先看一个对比，图 4-12 没有勾选辉光属性，但图 4-13 勾选了辉光属性。可以看到，在不增加灯光的情况下，只靠添加辉光效果，物体周围就会产生一层光晕，使得场景更好地融入环境，从而提升物体的效果质量。

图 4-12　勾选辉光效果之前

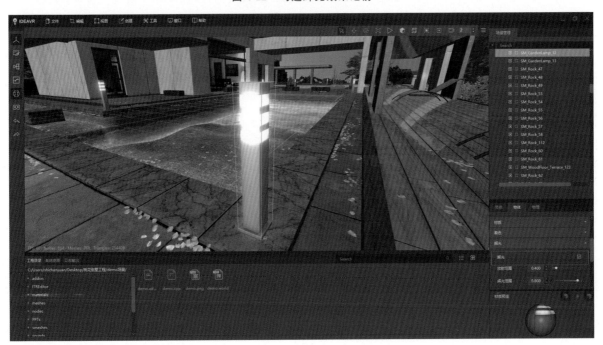

图 4-13　勾选辉光效果之后

放射范围控制辉光整体的大小,辉光范围控制辉光外围的强度大小,如图 4-14 所示。

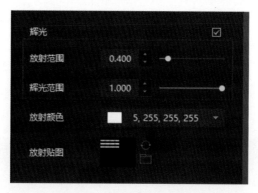

图 4-14　辉光效果参数调整

通过添加放射贴图可以用类似遮罩的贴图达到物体部分有辉光效果,而被遮罩的范围不受辉光效果的影响,如图 4-15 所示。

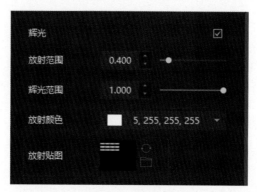

图 4-15　放射贴图

• 平铺功能:如图 4-16 所示,通过在一个平面上增加地表贴图,可以看到草坪贴图的细节。与真实环境相比有点夸张,此时就需要把整体的草地还原成实际草地的大小,需要去控制平铺的 X 轴、Y 轴的数值大小,从而得到合适的草地样貌,如图 4-17 所示。

图 4-16　草地平铺贴图

图 4-17　平铺功能参数调节

•阴影功能:如图 4-18 所示,阴影功能需要配合着用户的灯光进行使用。控制物体在软件里的阴影选项,如接受半透明、投射半透明、接受世界阴影、接受阴影、投射世界阴影、投射阴影等,使用户在处理物体投影时多了很多选择。

图 4-18　阴影功能

•光照功能:光照 Shader 里有三种类型可以选择,一般默认 Phong,如图 4-19 所示。

图 4-19　光照功能

• 烘焙功能:当完成了场景的所有布置和灯光以后,开启烘焙。在这里会自动勾选上烘焙光,如图 4-20 所示。

图 4-20 烘焙功能

• 剖切功能:在需要有剖切需求的情况下勾选,使物体形成可剖切的状态,可帮助用户快速地完成剖切操作,如图 4-21 所示。

图 4-21 剖切功能

• 反射功能:主要运用于玻璃、车漆等具有反射属性的材质上,特点就是可以反射当前的环境状态以达到真实的反射效果。反射功能默认有一张常规的反射贴图,单击"生成"按钮后会生成当前的环境反射,效果如图 4-22 所示。同时,在属性面板中通过调整反射法向、反射校正的参数值来调整环境位置在反射面的位置、偏移等。通过反射颜色可以修改反射面的颜色。反射范围可以控制反射的大小以及明暗。反射选项可设置生成的反射贴图的大小,下拉窗口中会有各种数值的选项供用户选择调节。需要注意的是,勾选动态反射后会形成实时反射,对于镜子等可以实时地反射周围的环境。

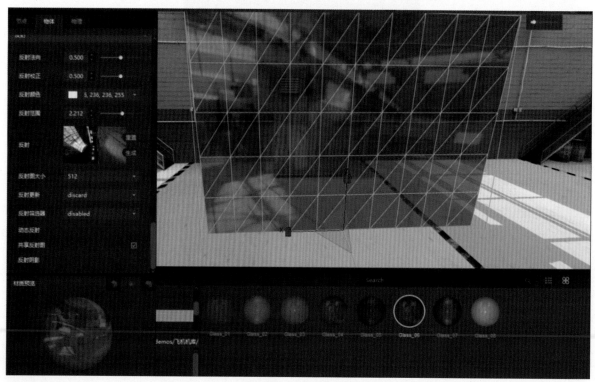

图 4-22 反射效果

4.5　辉光材质

在多数情况下,考虑到渲染性能,并不能创建很多光源灯来模拟光照,所以此时就会大量运用辉光贴图,在节省帧率的情况下尽量地使场景更丰富、真实。

如图 4-23 所示,这是一个带有辉光效果的灯柱。现在来看下它的实现过程。

图 4-23　带有辉光效果的灯柱

首先把漫反射贴图、漫反射颜色、法线贴图都贴好,如图 4-24 所示。

图 4-24　添加辉光之前

可以看到,在没有添加辉光属性的时候,灯柱没有亮起来;当把辉光属性添加上后,灯柱发出亮光,如图 4-25 所示。

图 4-25　添加辉光(未作参数调整)

当勾选辉光属性后,整根灯柱都亮了起来,这明显与现实中的灯光效果不符。我们只需要灯带的地方亮就可以了,并不需要全部都亮。这个时候就需要增加一张放射贴图,如图 4-26 所示,用来控制需要变亮的区域,这样就不会是整根灯柱都发光了。

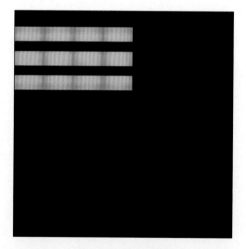

图 4-26　放射贴图

如图 4-27 所示,这是贴完放射贴图之后的灯柱,如此就完成了一个模拟灯亮效果的灯柱了。

图 4-27 添加辉光(作参数调整后)

4.6 透明材质

现实生活中有许多透明的物体,如玻璃、水等。在制作场景的时候也会用到许多透明的属性来表现各种物体的细节,进而使得场景更加真实,甚至把一些物件做成透明的来增加科技感,以及用透明贴图来制作 UI。

如图 4-28 所示,这是一个用透明贴图制作的带有科技感的操作面板,让我们一起来看看具体的操作步骤吧。

图 4-28 透明材质效果

以键盘为例,首先创建一个带有透明属性的材质球贴到物体上面,可以看到键盘已经带有透明属性,如图 4-29 所示。

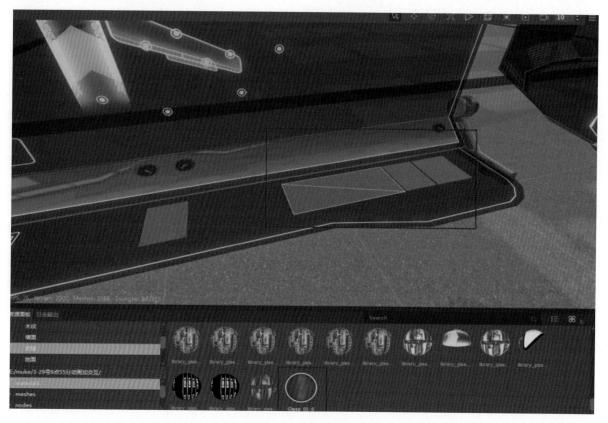

图 4-29 赋予透明贴图

然后把之前做好的图片贴到漫反射贴图上面,把漫反射颜色改成白色,平铺改成 X:1,Y:1,如图 4-30 所示。

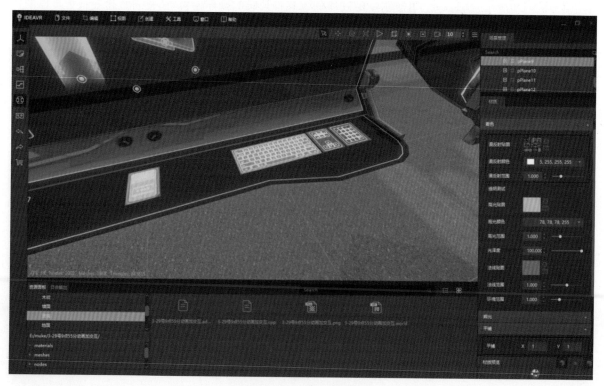

图 4-30 赋予漫反射贴图

接着把材质里的 PostDeferred、PostRefraction、PostScattering 这三个选项勾选上。这三个参数代表了透明物体不同的渲染阶段,通过调整透明物体的渲染顺序,从而让材质的透明属性生效,如图 4-31 所示。

图 4-31　参数调节

最后只要把所有的模型贴上这个材质球,一个带有科技感的显示器就完成了,如图 4-32 所示。

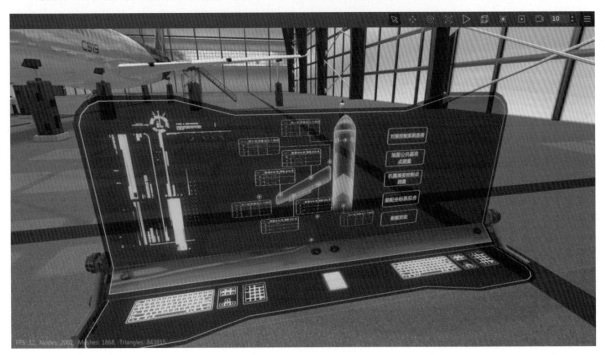

图 4-32　透明材质效果

4.7　引擎灯光

IdeaVR 创世在图形仿真和光照特效方面采用了实时全局光照技术,为实现场景渲染、大型场景的搭建以及移动场景内容制作中的完全动态光照效果提供了一套优秀的解决方案,可以通过较少的性能消耗使得场景看上去更真实、更丰富、更具立体感。

实时全局光照不仅提供了场景的实时渲染效果,也为用户提供了全系的光照流程。当用户想要看到场景中更高品质的细节时,它提供了更快的迭代模式,不需要用户的干预,场景就会被预算计算与烘焙的效果替换,而这些预算计算和烘焙都是静默完成的。IdeaVR 创世会自动检测场景的改动,并执行所需的步骤来修复光照。

IdeaVR 创世光照系统的创建菜单一共有四种选项,分别为点光源、聚光灯、泛光灯、平行灯,此外还内置天气系统,可帮助用户快速搭建光照效果。

4.7.1　点光源

点光源,顾名思义,就是从一个点向四周发散的光线,和蜡烛的光线类似。在 3D 空间中,点光源会向所有方向发射光线。这些可用于创建像灯泡、武器发光或爆炸的效果,它们的光线会从物体中辐射出来。

在 IdeaVR 创世中,点光源的强度是从光的中心按照二次方衰减的,直到在光的极限范围处衰减为零,如图 4-33 所示。

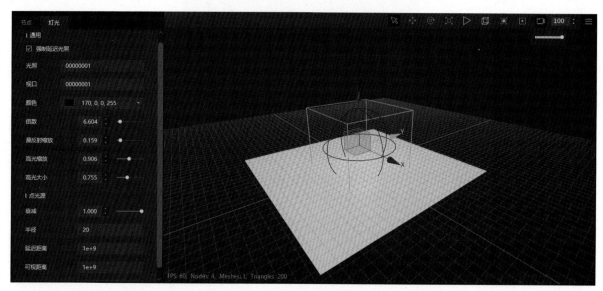

图 4-33　创建点光源

这里需要说明一下几个常用的功能。

• 颜色:控制灯光所产生的颜色,下拉菜单里有更多的颜色可供选择。通过基本颜色以及相应的数值可选择出需要的灯光颜色,也可通过 HTML 输入框直接输入色号,以准确地定位颜色。

• 倍数:控制灯光效果的范围,默认数值为 1。可以通过结合漫反射缩放控制灯光效果范围的大小。

• 高光缩放以及高光大小:控制在原有的灯光效果下产生的高亮的范围以及亮度。

• 半径:当前灯光发射器的大小也关系到灯光效果的范围大小。

4.7.2　聚光灯

聚光灯是由一个点沿一个方向发射的束状光线,与生活中的手电筒类似。聚光灯非常有用,可以当作路灯、壁灯、手电筒等。由于对影响的范围可以精确控制,所以聚光灯对于创建舞台灯光效果非常有用,如图 4-34 所示。

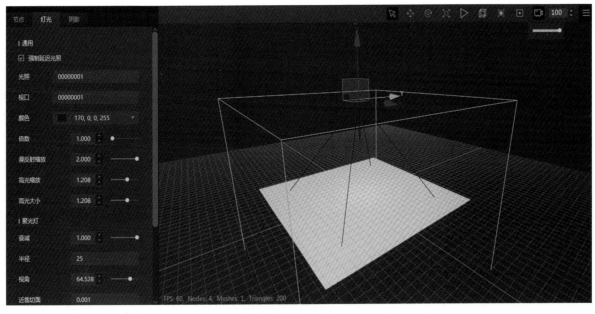

图 4-34　创建聚光灯

各种灯光的属性是差不多的,但聚光灯有自己的特性功能。

聚光灯的视角可控制聚光灯的光照角度范围。视角越大,光照的角度越大。

在聚光灯的贴图选项中,可以看到贴图选项。通过替换默认的贴图,可以把贴图的纹理投射到地面上,如图 4-35 所示。

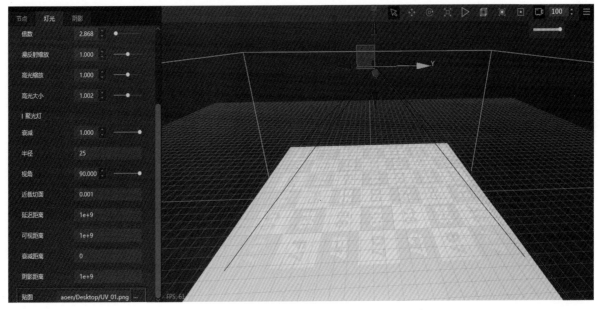

图 4-35　调整聚光灯贴图

4.7.3　泛光灯

泛光灯与之前介绍的点光源有点相似,灯光从它的位置向各个方向发出光线,影响其范围内的所有对象,但是这个光源可以产生阴影,给所在物体产生投影,如图 4-36 所示。

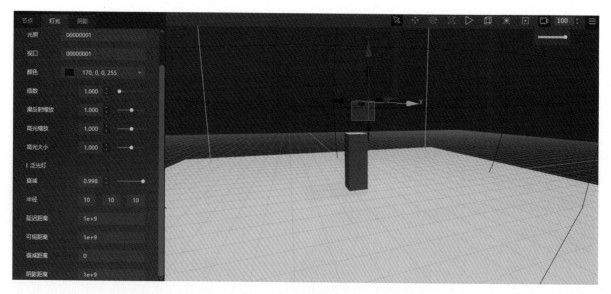

图 4-36　创建泛光灯

4.7.4　平行灯

平行灯对于创建场景中的阳光等的效果非常有用。其许多方面的属性和太阳一样,所以平行灯被认为是很遥远的光源,位于无限远的地方。

从平行灯发射出的光线彼此平行,不像其他类型的光线那样发散。因此,平行灯投射的阴影看起来是一样的,不管它们相对于光源的位置如何,这非常适用于室外的照明场景。只需要调整平行灯的旋转角度以及颜色,就能调整出所需要的灯光环境,如图 4-37 所示。

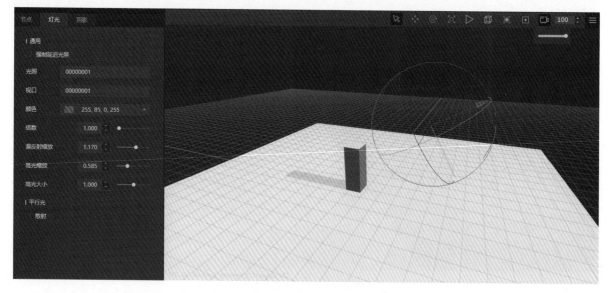

图 4-37　创建平行灯

4.8　天气系统

4.8.1　基本用法

(1)启动 IdeaVR 创世软件,新建一个场景,通过菜单栏的文件中的打开工程,在场景中打开一个新的场景,如图 4-38 所示。

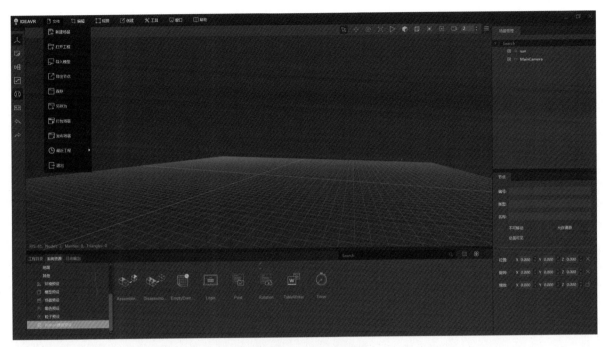

图 4-38 打开新场景

（2）未添加天气系统的 VR 场景如图 4-39 所示。

图 4-39 未添加天气系统的 VR 场景

（3）通过菜单栏的工具中的天气命令，打开系统的天气系统参数面板，如图 4-40 和图 4-41 所示。在 IdeaVR 创世中，全局光照集成于天气系统中。用户可以通过调解天气系统中的参数值，对场景进行实时的渲染，渲染效果如图 4-42 所示。

图 4-40 打开天气菜单栏

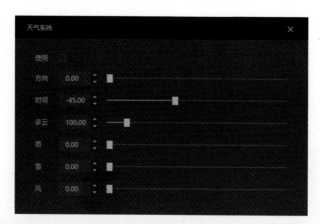

图 4-41　天气系统参数面板

图 4-42　添加天气系统的 VR 场景效果

4.8.2　系统参数

（1）使用天气系统。在 IdeaVR 创世中，新建的场景默认不带天气的渲染，勾选天气系统的使用选框，启动整个系统的全局光照渲染，如图 4-43 所示。

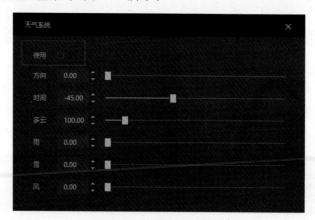

图 4-43　开启天气系统

（2）方向。方向选项可以让用户通过调节后面的参数值或鼠标拖动进度条的方式来对场景的全局光照的角度方向进行调节。参数值为 0～60，进度条的变化为从左到右代表光照方向从右到左。

（3）时间。在天气系统的时间选项中，用户可以模拟太阳东升西落的过程。用户可以通过选项的参数值进行大小调节，或者拖动后方的进度条进行调节。参数值为－180°～180°，代表光源与地平线的夹角度数。用户通过调整光源与地平线的角度来模拟一天当中的时间变化。进度条从左到右代表夹角从－180°到 180°。

（4）多云。在天气系统的多云选项中，用户可以选择的调节方式有两种。第一种是通过参数调节，参数值为 0～1000，数值越大，代表场景中的云层厚度愈大，光照的效果随之会受到云层的影响逐渐变弱。第二种是通过鼠标拖动选项后方的横条指针，从左到右表示参数值越大，云层渐厚，光照减弱。

（5）雨。在天气系统的雨选项中，用户可以通过参数值的变化和进度条的变动来对场景进行雨效果的渲染。参数值为 0～1000，参数值越大，雨效果越强。进度条从左到右，代表参数越大，雨效果越强。

（6）雪。在天气系统的雪选项中，用户可以通过参数值的变化和进度条的变动来对场景进行雪效果的渲染。参数值为 0～1000，参数值越大，雪效果越强。进度条从左到右，代表参数越大，雪效果越强。

（7）风。在天气系统的风选项中，用户可以通过参数值的变化和进度条的变动来对场景进行风效果的渲染。参数值为 0～1000，参数值越大，风效果越强。进度条从左到右，代表参数越大，风效果越强。

4.8.3　应用演示

接下来，利用刚才学习的全局光照的渲染功能，在 IdeaVR 场景中快速搭建 3～4 个天气渲染的场景，例如搭建 1 个傍晚的大风大雪的天气。

（1）依次选择文件、打开工程，通过预设好的路径，打开准备好的场景文件，如图 4-44 所示。

图 4-44　打开场景文件

（2）依次选择工具、天气，弹出天气的控制面板，开启天气系统，如图 4-45 所示。

图 4-45　开启天气系统

（3）分别调整好各个参数后，创建一个傍晚的大风大雪场景的渲染即完成了，可看到如图 4-46 所示的效果。

当然，用户也可以根据自己的需求，通过对时间、光照方向、云层厚度、风、雨、雪数值的组合调整，来达到晴朗的中午天气渲染、微风的午后天气渲染，甚至一年四季的天气情况的模拟。

图 4-46　效果

4.9　遮挡剔除场景优化

遮挡剔除是三维图形渲染中常用的性能加速策略，通过对遮挡体后面不可见的物体直接不进行更新和绘制操作，进而提升渲染效率。IdeaVR 创世支持对多种类型的遮挡体进行遮挡处理，如遮挡物体、遮挡剔除、区域剔除、入口剔除。

启动 IdeaVR 创世,通过顶部菜单的创建选择遮挡剔除,创建出一个遮挡体。遮挡剔除能够对大场景进行性能优化,实现场景渲染提升。

4.9.1 遮挡物体

遮挡物体是指创建出的一个指定物体形状的遮挡体,是根据所选中模型的三角网格生成的遮挡体。该类型遮挡体的优势是可以创建自定义形状的遮挡体,保证视觉效果和遮挡效率。当其他物体被此遮挡体遮挡住时不可见,常用于门、墙体等封闭式建筑框架,使得在未进入封闭区域时,不渲染此区域内的物体,由此提高场景性能。

选择场景中某一节点后,通过"创建"→"遮挡剔除"→"遮挡物体",在所选择的节点下创建出一个遮挡体子节点,前后效果如图 4-47 和图 4-48 所示。

图 4-47　遮挡前效果

图 4-48　遮挡后效果

4.9.2 遮挡剔除

遮挡剔除是指当一个物体被其他物体遮挡住而相对当前相机不可见时,可以不对其进行渲染。

通过菜单栏的"创建"→"遮挡剔除"→"遮挡剔除",创建出一个红色遮挡体。将红色遮挡体移动到摆件的前方时,通过调整遮挡体大小(节点缩放旋转),找到合适的角度,摆件即不进行渲染,帧率从94提升至134,效果如图 4-49 和图 4-50 所示。

注意:此遮挡体只能从特定角度遮挡物体,若需要进行全面遮挡,请使用区域剔除。

图 4-49　遮挡前效果

图 4-50　遮挡后效果

4.9.3　区域剔除

区域剔除是指划分区域范围外的物体不被渲染,而被其他物体挡住,在区域内的物体仍会被渲染。

通过菜单栏的"创建"→"遮挡剔除"→"区域剔除",创建出一个蓝色遮挡体。将蓝色遮挡体移动到茶几位置,通过调整遮挡体大小(节点缩放旋转),将整个茶几完全包围在遮挡体内。

当从遮挡体外观看时,区域内的物体不显示(不渲染);当视角进入区域内时,区域内的物体显示。

期间帧率从 94 提升至 110,效果如图 4-51 至图 4-53 所示。

图 4-51　遮挡前效果

图 4-52　遮挡后效果

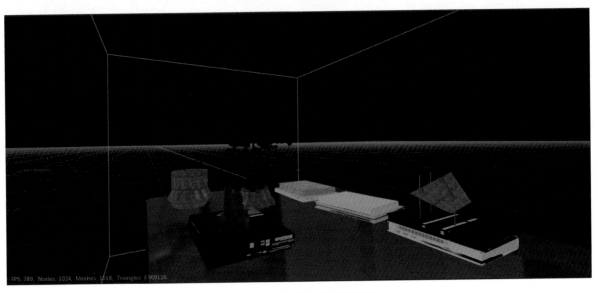

图 4-53　相机进入区域后效果

4.9.4 入口剔除

入口剔除是指在区域剔除的基础上,在区域范围边界创建一个入口,当相机处于入口视角范围内时,区域内的物体被渲染。

通过菜单栏的"创建"→"遮挡剔除"→"入口剔除",创建出一个黄色遮挡体。将黄色遮挡体移动到区域剔除区域边缘,调整黄色遮挡体大小(节点缩放旋转)。注意:黄色遮挡体需比蓝色遮挡体小。

当相机在蓝色遮挡体外时,可以透过黄色区域看见被遮挡的物体,变换不同的角度,又可从不同的方向查看蓝色区域内的物体。当相机到区域内后,透过黄色区域可以查看蓝色区域外的物体,不在可视范围内的即不渲染。入口剔除多用于多个遮挡体连接处。效果如图 4-54 至图 4-56 所示。

图 4-54　入口剔除角度一效果

图 4-55　入口剔除角度二效果

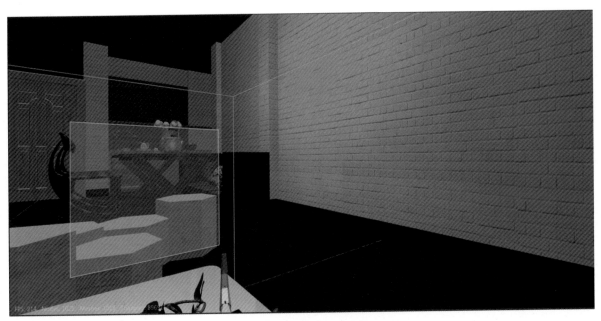

图 4-56　入口剔除内部视角效果

4.9.5　遮挡剔除的功能优势

使用遮挡剔除，可以在渲染对象被渲染之前，将被遮挡而不会被看见的隐藏面或者隐藏对象剔除，从而减少每帧的渲染数据量，提高渲染性能。在遮挡密集场景中，使用遮挡剔除后性能提升会更加明显。这四种剔除方法配合使用，可以实现大场景之间的替换、转场等效果。

4.9.6　效果演示

如图 4-57 所示，正常编辑完成的场景使用遮挡剔除功能，可以实现对场景中部分物体的遮挡，提升渲染帧率，保证视觉体验效果。

图 4-57　遮挡前

首先创建出遮挡剔除，在场景中某个位置创建出一个遮挡体，通过修改遮挡体的大小位置，放置在需要遮挡的物体前方，如图 4-58 所示。

图 4-58 放置遮挡物

然后创建出区域剔除,将书桌上的物体包围在区域中,如图 4-59 所示。

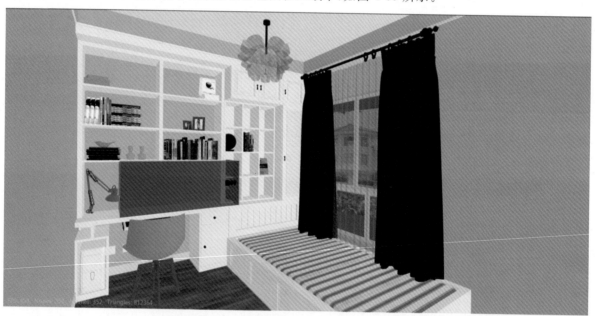

图 4-59 创建区域剔除

在添加两个遮挡体后,帧率明显提升。从当前角度查看场景,可以看到书柜和书桌上的物体都被隐藏,如图 4-60 所示。

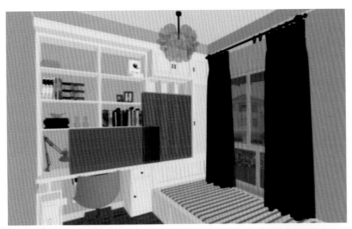

图 4-60　效果对比

切换不同的角度可以查看不同视角的场景。

4.10　练习

（1）请打开天气系统面板。

（2）对新建场景进行打开全局光照和取消全局光照的操作。

（3）尝试导入或建设一个新场景。对新场景中的全局光照利用以上练习的参数值进行组合模拟，如夏季雷雨的天气、秋季晴朗的天气等。

5 IdeaVR 创世特效制作

5.1 物理模块

IdeaVR 创世加入物理引擎应用系统,可以赋予虚拟场景中的物体物理属性,可以让场景中的物体符合现实世界中的物理定律;提供物理系统中的刚体和布料的模拟,通过赋予场景中物体刚体及柔性体属性,使得虚拟场景更加真实和生动。

5.1.1 刚体属性

在场景中通过为物体赋予刚体属性,从而逼真地模拟刚体碰撞、场景重力、环境阻尼等物理效果。借助 IdeaVR 创世的物理系统,能够更加真实地模拟和反映物体在现实世界中的运动规律,让场景看起来更加的逼真(见图 5-1)。

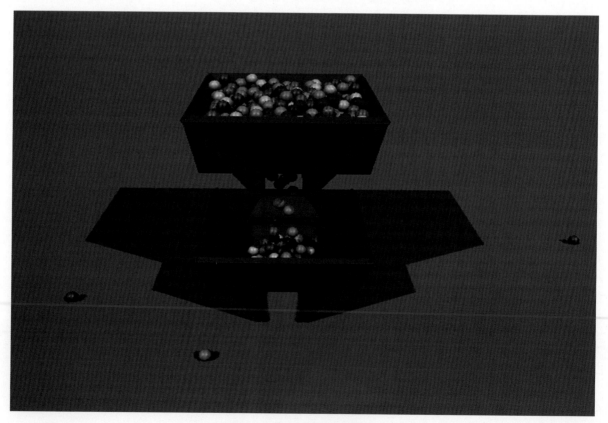

图 5-1 刚体与碰撞效果图

首先选中场景中需要添加刚体的节点,添加刚体属性。在右下角属性栏中找到名为"物理"的标签页并选中,选中刚体后勾选开启,即可对此节点添加刚体属性,如图 5-2 所示。

图 5-2　添加刚体属性

然后属性栏会显示出更多的刚体参数,通过调整这些参数的数值就可以实现不同的物理仿真效果,如图 5-3 所示。

图 5-3　刚体属性参数面板

5.1.2　墙体属性

选中场景中需要添加墙体(BodyDummy)的节点(一般为建筑墙面或地面),添加墙体属性。在右下角属性栏中找到名为"物理"的标签页并选中,选中 BodyDummy 后勾选开启,即可对此节点添加墙体属性,如图 5-4 所示。墙体和刚体类似,但没有太多的参数可以设置。墙体,顾名思义就是模拟很重的墙体的意思,别的物体撞不动墙体。

图 5-4 添加墙体属性

5.1.3 碰撞体属性

在开启刚体属性后,属性栏会多出一个碰撞体的标签栏。通过添加碰撞体,可以使刚体有碰撞的形状和碰撞的属性,如图 5-5 所示。

图 5-5 添加碰撞体属性

在下拉菜单中可以选择碰撞体的形状,然后单击"添加"即可添加碰撞体,此时物体才拥有碰撞体的属性。在添加碰撞体后,属性栏会显示出更多的碰撞体参数,通过调整这些参数的数值可以实现不同的碰撞效果,如图 5-6 所示。

图 5-6　碰撞体属性参数面板

单击"运行"进入运行模式,即可查看添加刚体和碰撞体的物体的物理运动。在预览物理效果结束后按 Esc 键可以退出运行模式,物体结束物理仿真,并恢复运行模式前的状态。

相关参数说明如表 5-1 所示。

表 5-1　刚体与碰撞体参数说明

术语或缩略语	说明
线速度	物体运动的快慢
最大线速度	物体运动的最快速度。物理仿真时会使用系统最大速度和刚体最大速度中较小的一个。设置最大线速度可以用来防止物体碰撞的穿透
卡滞线速度	物体运动的最慢速度。当物体运动速度低于卡滞线速度时,物体的速度会被设置为 0,停止运动
线性阻尼	物体运动受到的阻力。线性阻尼越大,物体运动受到的阻力越大
线速度缩放比例	物体运动速度按比例缩放,如物体运动速度为 100m/s,线速度缩放比例为 0.9,则物体实际的运动速度为 90m/s
角速度	物体转动的快慢
最大角速度	物体转动的最快速度。物理仿真时会使用系统最大角速度和刚体最大角速度中较小的一个
卡滞角速度	物体转动的最慢速度。当物体转动速度低于卡滞角速度时,物体的角速度会被设置为 0,停止转动
角速度阻尼	物体转动受到的阻力。角速度阻尼越大,物体转动受到的阻力越大
角速度缩放比例	物体转动速度按比例缩放,如物体转动速度为 100°/s,角速度缩放比例为 0.9,则物体实际的转动速度为 90°/s

续表

术语或缩略语	说明
质量	物体的重量,改变刚体的质量会导致刚体密度的改变
质心位置	物体的重心,如将物体的质心调整到较低的位置可以实现不倒翁的效果
惯性张量	描述刚体绕坐标轴旋转的难易程度
物理掩码	设置物理掩码可以决定物体受到哪些物理作用力的影响
碰撞掩码	设置碰撞掩码可以决定哪些碰撞体会发生碰撞
排斥掩码	设置排斥掩码可以决定哪些碰撞体不会发生碰撞
摩擦系数	物体在表面发生相对运动时受到的摩擦力的系数
恢复系数	碰撞前后两物体接触点的法向相对分离速度与法向相对接近速度的比

5.1.4 布料属性

加入物理布料仿真系统,可以赋予虚拟现实场景中的物体柔体的属性,可以让场景中的物体符合现实世界中柔性体的受力定律,从而逼真地模拟面料、丝绸、皮革、麻料等布料的外观与特性。

选中场景中需要添加布料属性的模型。建议所选物体是面片结构,符合布料的结构特征。在属性面板中添加布料属性,可以在右下角属性栏中找到名为"物理"的标签页并选中,选中布料后勾选开启,节点即添加了布料属性,如图 5-7 所示。

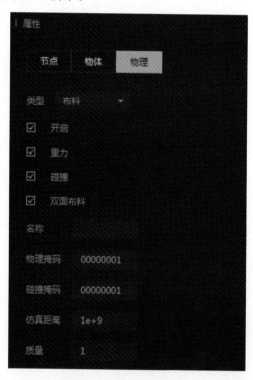

图 5-7 添加布料属性

在添加布料属性后,属性栏会显示出更多的布料参数,通过调整这些参数的数值可以实现不同的布料仿真效果。

单击"运行"进入运行模式,即可查看添加布料后的物理运动。在预览物理效果结束后按 Esc 键可以退出运行模式,物体结束物理仿真,并恢复到运行模式前的状态。

布料参数说明如表 5-2 所示。

表 5-2 布料参数说明

术语或缩略语	说明
碰撞	布料是否会和其他刚体发生碰撞
双面布料	布料网格是否有双面的属性
物理掩码	设置物理掩码可以决定物体受到哪些物理作用力的影响
碰撞掩码	设置碰撞掩码可以决定哪些碰撞体会发生碰撞
仿真距离	在距离 player distance 范围内的 cloth 才会运行物理仿真
质量	布料的重量
半径	半径越大,物理仿真越不容易发生穿透等问题,但是会产生一些失真的情况,如将布料平放在桌面上,会高出桌面一段距离,这段距离就是粒子碰撞体的半径。如果粒子碰撞体半径比较小的话,可能会发生物体穿透
刚性值	布料与刚体发生碰撞时发生弹性碰撞的剧烈程度
摩擦系数	布料在表面发生相对运动时受到的摩擦力的系数
恢复系数	碰撞前后两物体接触点的法向相对分离速度与法向相对接近速度的比
线性阻尼	物体运动受到的阻力。线性阻尼越大,物体运动受到的阻力越大
线性拉伸	与布料是否容易被拉伸和撕裂相关
线性恢复系数	表示粒子碰撞体可以被拉伸多远。1 表示布料很难被拉伸,数值越小,布料越容易被拉伸。不能将数值设置为 0 或者接近于 0 的数值,否则仿真会导致布料的形状发生不可预知的改变
角度恢复系数	角度恢复系数为 1 时,表示布料很难被折叠(设置为 1 会产生不可预知的形状),数值越小,布料越容易被折叠
线性阈值	当布料被拉伸时,如果粒子碰撞体的距离超过了线性距离阈值,此关节会断裂。如果设置为 inf,表示布料被拉伸不会产生撕裂
角度阈值	当布料被折叠时,如果关节转动的角度超过了角度阈值,此关节会断裂。这个值最大为 180,或者也可以设置为 inf

5.2 物理特效

如图 5-8 所示,这是一个手持电钻,在编辑端中可以通过旋转位移把这个物件放在桌子上,但当使用 VR 设备体验时,如果没有重力和碰撞体,那么这个物体在拿起之后再放下时就只能飘浮在半空中了。

图 5-8　拿起无物理属性的物体

如何实现重力和碰撞,使物体放手后可以掉落。首先选择物体,在物理选项里选择刚体,勾选开启,相关参数采用默认的就可以。

在勾选开启之后,会多出一条碰撞体,使物体和物体之间有碰撞属性。单击"碰撞体",如图 5-9 所示,选择多面体,单击"添加",参数采用默认的就行(如果有特殊制作要求,可参考 5.1 节的参数表)。

图 5-9　物理属性参数调节

如图 5-10 所示,然后设置下面的桌子,可以设置为 BodyDummy(这个选项并没有太多的参数可以调整,它类似于墙体,被物体撞击后自身不会发生位置的偏移)。如果采用刚体,需要把物体的质量调大。

图 5-10　设置桌子参数

　　最后增加碰撞体,使其可以和其他加了碰撞体的物体发生关系。如图 5-11 所示,这里用的也是多面体,参数采用默认的就可以。

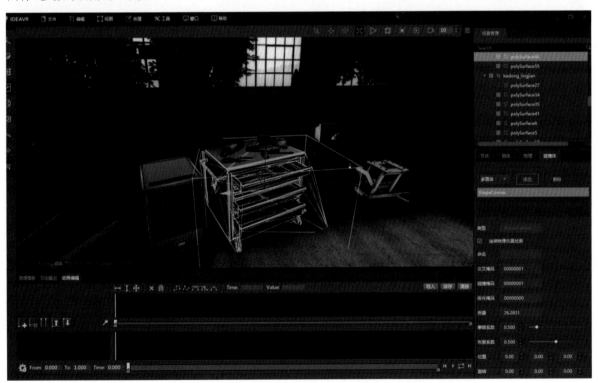

图 5-11　为桌子增加碰撞体

　　设置完之后,先把手持电钻放在空中,然后单击"运行",在重力和碰撞的作用下,手持电钻会掉落到下方的桌子上,如图 5-12 所示。

图 5-12　碰撞效果测试

在现实中会遇到非常多的软的、柔性的物体,这时候布料属性就显得非常重要了。首先来看一下布料可以做什么。如图 5-13 和图 5-14 所示,在加入布料之后,这个平的模型掉下来会盖在下方带有碰撞属性的物体上,完美模拟真实的环境。

图 5-13　增加布料属性之前效果

图 5-14　增加布料属性之后效果

让我们一起来看一下,这个布是怎么实现的。

首先使用 IdeaVR 创世自带的预制模型和预制贴图功能,单击"模型预设",选中需要的模型 Plane 并拖入场景中,调整模型的大小和位置以适配所需的场景,如图 5-15 所示。

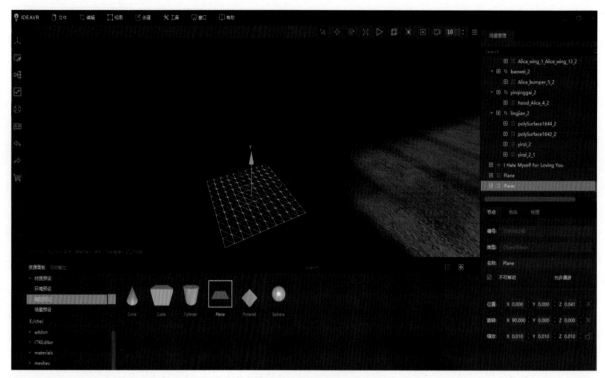

图 5-15　拖入薄面片

接着选择材质预设、布纹这一类，选择一个合适的布纹，拖拽到模型上面，如图 5-16 所示，调整平铺的参数为 10、10。

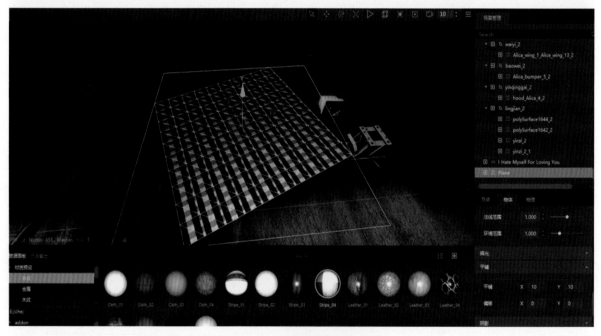

图 5-16　赋予布料材质

最后选择物体、布料，勾选开启，用默认参数就可以表现普通布料，如图 5-17 所示。如果需要做某些特殊效果，可以参照之前布料中的表 5-2 来调整具体的参数。

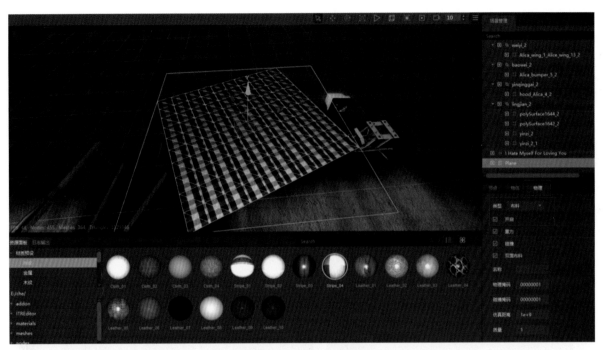

图 5-17　增加布料属性

最后单击"运行",这样模拟布料掉落到桌面的效果就完成了,如图 5-18 所示。

图 5-18　效果预览

5.3　粒子系统

粒子系统表示三维计算机图形学中模拟一些特定的模糊现象的技术,而这些现象是用其他传统的渲染技术也难以实现其真实感的。经常使用粒子系统模拟的现象有火焰、爆炸、烟雾、水流、火花、落叶、云、雾、雪、尘、流星尾迹或者类似发光轨迹的抽象视觉效果等。

创建粒子系统的步骤:"菜单"→"创建"→"粒子"。

IdeaVR 创世中的粒子系统属性分为节点、物体、参数、粒子动态效果、粒子外力和粒子导流器六个部分。

5.3.1　基本参数

5.3.1.1　粒子的常用属性

图 5-19 为粒子属性面板,其参数栏是粒子的对应设置。

· 告示牌:最常用的类型,是旋转的正方形平面,面向摄像机,可用于烟的创建,效果如图 5-20 所示。

图 5-19　粒子属性面板

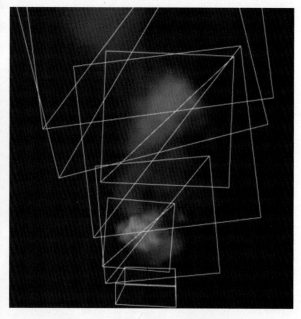

图 5-20　告示牌效果

· 平面:垂直于本身粒子系统的 Z 轴,其优点在于可以真实地模拟平面上的某些效果,如水面,效果如图 5-21 所示。

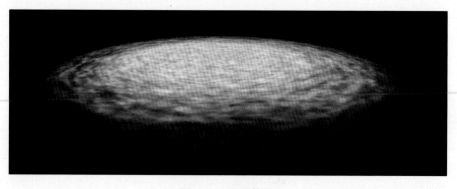

图 5-21　平面效果

• 点：和告示牌相类似，也总是面向摄像机，不同之处为点与屏幕保持对齐（告示牌会旋转，点不会转），效果如图 5-22 所示。

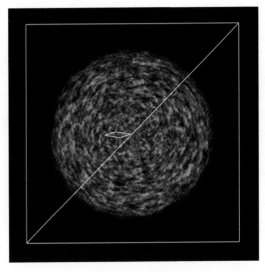

图 5-22 点效果

• 长度：使告示牌粒子（选择之后，下面的长度伸展和长度扁平两个参数选项也会被激活）能够沿着其运动方向被拉长。伸展是可调因素，使用这种粒子可以有效地模拟火花、火星、斑点、飞溅的水花等，效果如图 5-23 所示。

图 5-23 长度效果

• 随机：使正方形粒子在空间中随机的取向，方向不定，可模拟叶子飘落，效果如图 5-24 所示。

图 5-24 随机效果

• 路线:这种粒子类型可用来制作移动的对象创建的(轨迹)路径,如一艘船在海面行驶时留下的泡沫线。路线类型粒子和平面类型粒子实现的功能类似,效果如图 5-25 所示。

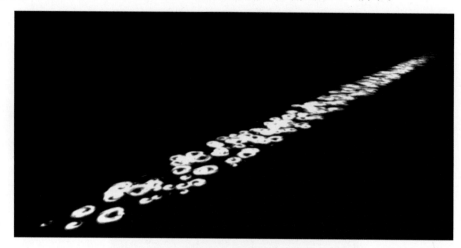

图 5-25　路线效果

• 链:是布告板粒子,能形成一个连续的视觉效果,其长度直接取决于发射器的粒子出现频率,效果如图 5-26 所示。

图 5-26　链效果

• 4×4 纹理图:勾选后可启动序列贴图,图 5-27 为未启动、启动的两种效果。

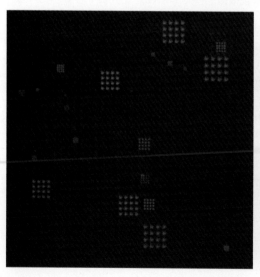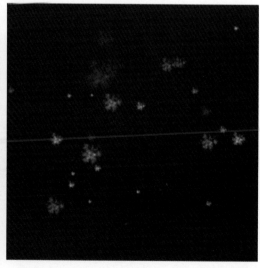

图 5-27　纹理图效果

• 启用发射器：启用或禁用发射器。

• 移动时发射：粒子只在粒子系统移动时产生，可以在成为父节点的子节点后移动，或者它们的移动由其他方式定义。

• 跟随发射器移动：开启移动时发射，即移动发射器时粒子也将移动，因为它们的变化取决于发射器的变化。

• 发射连续粒子：启动后，粒子会跟随移动发射器产生。

• 碰撞：如果粒子系统的碰撞选项启用，粒子间发生了交互或者碰撞时，软件将不去渲染粒子。如果这个选项是禁用的，粒子的行为将由其他参数决定。例如粒子可以出现在几何体表面，作为贴花物体或者从表面反射并且继续移动。

• 相交：撞到障碍物后（如果碰撞选项是禁用的），它们会从表面弹跳下来而不是滑下来。这个选项可以模拟包含飞溅的水花在内的其他效果。弹力的效果强度取决于粒子的归还参数和对碰撞对象的归还设置。

• 生成率：随单位时间生成粒子的数量，图 5-28 为生成率分别为 20、100、500 的效果。

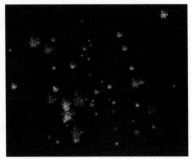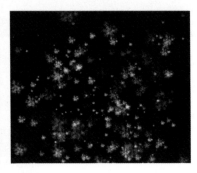

图 5-28　不同生成率的效果

• 线性阻尼：规定了粒子的线性速度随时间的减少而被用来模拟介质摩擦时对粒子的影响。换句话说，这个参数显示粒子的速度有多快。设置为 0，粒子的速度在所有生存时间中保持不变。数值越大，粒子随时间减少的速度就会越快，直到完全停下。

• 角阻尼：表示粒子在旋转方向上受到的阻力大小。设置为 0，粒子在所有生存时间里不断地旋转。值越高，粒子会更快地失去角速度，直到完全不旋转。

5.3.1.2　纹理贴图

单击"物体"，选择"修改材质"，在材质面板中单击"纹理"，单击漫反射下的"▣"按钮，选择对应的序列图片，勾选参数栏中的 4×4 纹理图。图 5-29 为修改图中纹理贴图的蝴蝶粒子效果。

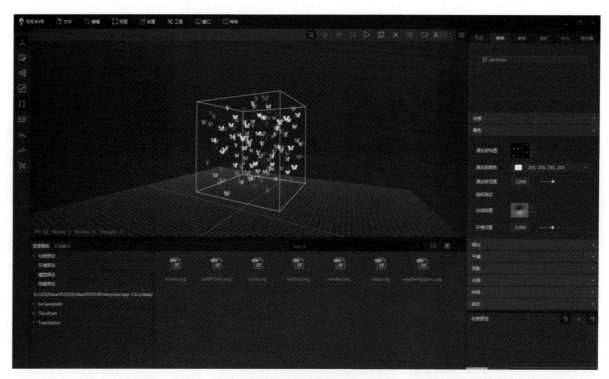

图 5-29 蝴蝶粒子效果

5.3.1.3 动态属性

粒子动态属性面板的参数栏与发射器的相对应,如图 5-30 所示。常用的参数如下:

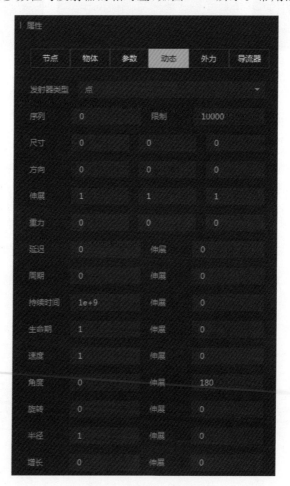

图 5-30 粒子动态属性面板

- 点:粒子是由一个单独的点发射的。

- 球体:粒子是由一个球体表面上的随机的点生成的,有一个特定的半径。

- 圆柱体:粒子是由一个圆柱体表面上的随机的点生成的,具有具体的半径和高。

- 立方体:粒子是由一个盒子表面上的随机的点生成的,有宽(X 轴)、高(Y 轴)和深度(Z 轴)。

- 序列:设置粒子系统渲染的顺序。当创建一个复杂效果,如镜头(有火、烟等多重效果,镜头本身每次渲染和不同的粒子系统)时,它允许设置一个内部粒子系统层次的渲染序列。具有最低序列的粒子首先被渲染,并且被具有最高序列的粒子所覆盖。

- 限制:发射器在一帧中能产生粒子的最大数目是通过这个参数控制的。

- 尺寸:通过使用发射器大小参数,可以指定粒子源的大小。字段数目(半径或边界纬度)取决于选择的粒子类型。

- 方向:指定所有发射粒子的方向,移动形成一个流。发射方向指定沿着 X、Y、Z 轴向,值是相对的,这意味着粒子流在方向上偏离更大的值。

- 重力:通过添加额外的重力,粒子的速度可以被改变。通过重力参数,粒子方向可以被干扰,使粒子流沿着 X、Y、Z 轴转向偏移。粒子系统节点的旋转不影响重力矢量。

- 周期:发射器产生的粒子不是连续的,也需要间隔。这个参数控制着时间周期,在粒子发生的时段,值越大,粒子产生的周期越长。

- 持续时间:生成周期结束后,发射器可以暂停。可以定义持续时间,如果设置为 0,粒子不断产生,没有任何停顿。如果无限指定,在一个生成周期之后,粒子发射器就不再活跃了。

- 生命期:指在发射后粒子从出现到消失的时间的长短,如 1 秒,即粒子存活时间为 1 秒。

- 速度:设定运动方向上的粒子速度,值越大,粒子的运动速度就越大。

- 角度:当粒子产生时,它在空间中通过的指定角度被定义。通过这个参数,可以创建更丰富的结构和更高的视觉复杂度。如果角度的 spread 值设置为 $180°$,粒子将随机地向所有方向发射。此参数不能获取点类型和长度类型粒子。

- 旋转:使用旋转参数可对粒子进行增加角速度的操作。从初始的方位角开始,粒子可以绕着自己的轴旋转,而旋转参数确定其旋转运动的角速度。旋转参数为正数,粒子按顺时针方向旋转,为负数按逆时针方向旋转。

- 半径:粒子产生时半径的大小。

- 增长:定义了粒子的大小变化,伸展参数控制逐渐变化情况。伸展参数为正值时,粒子在它们生成后不断地增加大小,如烟花在空中生长和绽放。

5.3.1.4 外力及导流器应用

外力属性面板如图 5-31 所示,可以通过添加外力来改变粒子的运动方向。该功能可用于模拟气体、水的弯曲流动等效果。

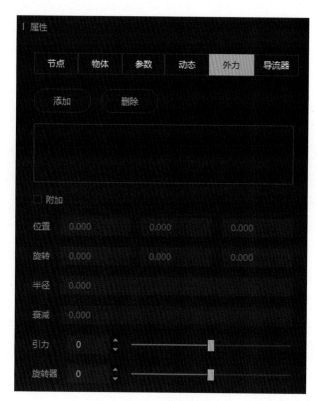

图 5-31　外力属性面板

（1）外力属性如下：

位置：设定外力起始点相对于发射器的位置，可以沿着 X、Y、Z 轴转向偏移。

旋转器：设定外力相对于发射器 X、Y、Z 轴转向的旋转角度。

半径：设定外力的作用范围。

引力：外力作用范围内的引力大小。

旋转器：外力作用范围内的引力旋转角度。

对一个粒子增加外力后，其效果如图 5-32 所示。

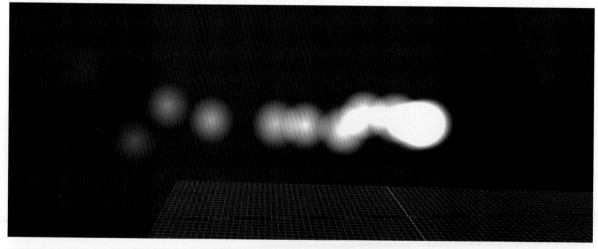

图 5-32　粒子增加外力后的效果

（2）导流器属性面板如图 5-33 所示，搭配外力作用，可使用导流器改变粒子连贯的运动方向，形成突破、折角等效果。

图 5-33　导流器属性面板

导流器的属性如下：

位置：设定导流器起始点相对于发射器的位置，可以沿着 X、Y、Z 轴转向偏移。

旋转：设置导流器的旋转参数。

尺寸：设置导流器的大小。

对前面增加过外力作用的粒子，再增加一个导流器，效果如图 5-34 所示。添加的导流器分正反方向，通过改变碰撞粒子的方向来改变粒子的运动轨迹。

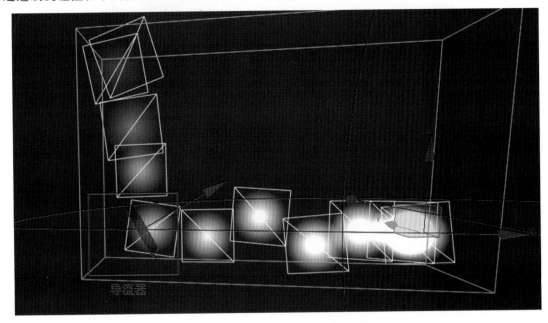

图 5-34　粒子增加导流器后的效果

5.3.2 实际应用

5.3.2.1 动态火焰效果制作

火作为一种生活中常见的实物,大家都非常熟悉,但对于火本身却没有一个明确的概念。从科学的角度讲,火的本质是能量与电子跃迁的表现方式,火焰大多处于气体状态或高能离子状态,在温度足够高时,能以等离子的形式出现。火的可见部分称作"焰",可以随着粒子的振动而具有不同的形状。简单来说,火是一种现象,而非一种物质。

在 IdeaVR 创世中,可使用粒子发射器实现火焰效果,这也是目前业界的主流做法。但粒子效果对于硬件的要求相比材质会更高。通过软件启动一些场景时,粒子效果会对硬件设备造成很大的负担,一般情况下会降低场景运行的帧率。

下面运用 IdeaVR 创世制作一段简单的火焰效果。

素材准备:烟雾效果图、小火花图、大火花图。

操作步骤:

(1)创建粒子。

(2)单击"物体栏"→"着色栏",单击漫反射下的"█"按钮,选择小火花图,单击"确定"按钮。

(3)单击"粒子属性栏参数",勾选 4×4 纹理图,粒子类型选择点,生成率为 50,效果如图 5-35 所示。

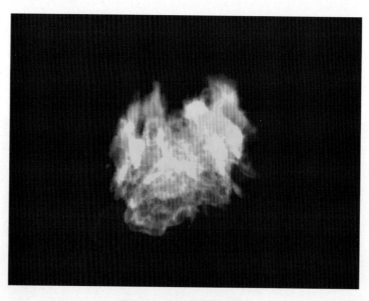

图 5-35 火的粒子效果一

（4）单击"动态栏"，修改发射器类型为立方体，修改尺寸为（21.2　0.3），效果如图 5-36 所示。

图 5-36　火的粒子效果二

（5）修改方向为（0　0　6），重力为（0　0　0.2），生命期及其伸展为（0.8　0.1），速度及其伸展为（0.6　0.4），半径及其伸展为（1　0.2），增长及其伸展为（－0.4　0.1），也可根据需求修改参数，效果如图 5-37 所示。

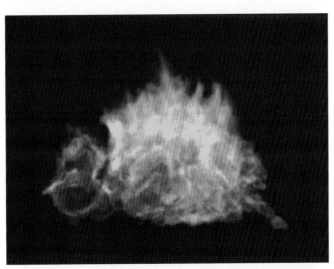

图 5-37　火的粒子效果三

（6）完成火焰燃烧状态的模拟后，可使用同样的方法制作多重火焰效果，添加地面、烟雾效果，效果如图 5-38 所示。

图 5-38　火的粒子效果四

5.3.2.2 雷电效果制作

在 IdeaVR 创世中,天气效果中的雷电效果也可以通过粒子系统来模拟制作完成。

首先也是制作雷电效果贴图。

(1)创建粒子。

(2)赋予粒子漫反射贴图,选择"属性面板"→"着色"→"漫反射贴图",单击" 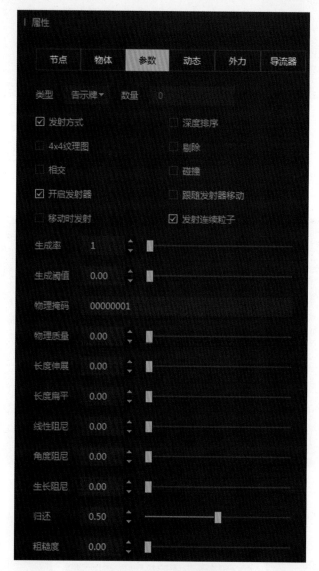 "赋予漫反射贴图。

(3)设置参数,修改发射类型为告示牌,生成率为 1,参数如图 5-39 所示。

图 5-39 雷电参数调整

（4）修改动态效果，调节旋转、生命周期和半径，如图 5-40 所示。

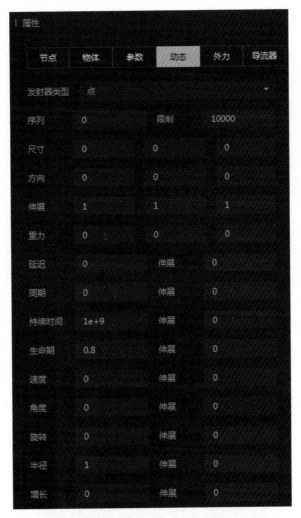

图 5-40　雷电动态参数调整

（5）制作完成后的效果如图 5-41 所示。

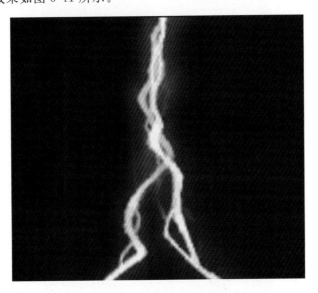

图 5-41　雷电粒子效果

5.3.2.3　飘花效果制作

现在尝试制作一个具有飘花效果的粒子。选择"创建"→"粒子"，创建一个默认的粒子效果，如图

5-42 所示。

图 5-42 开启粒子效果

然后单击"物体"修改材质,把渲染方式改为透明,勾选双面,贴上漫反射贴图,修改漫反射颜色,如图 5-43 所示。

图 5-43 粒子花瓣纹理贴图

　　这里用到了 4×4 的透明贴图,如图 5-44 所示。这是为了增加花瓣飘落的变化性,增加场景的趣味感和真实感。

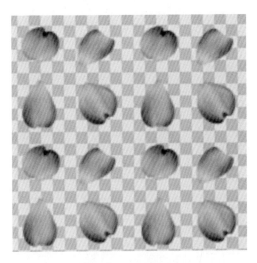

图 5-44　花瓣材质

　　因为使用了 4×4 的贴图,参数里的 4×4 纹理图一定要勾选上。具体修改粒子的参数如图 5-45 所示。

图 5-45　参数调整

最后修改粒子的动态,如图 5-46 所示。

节点	物体	参数	动态	外力	◂ ▸
发射器类型		立方体		▾	
序列	0		限制	10000	
尺寸	25		25	10	
方向	0		0	0	
伸展	1		1	1	
重力	0		1	-1	
延迟	1		伸展	2	
周期	5		伸展	10	
持续时间	1e+9		伸展	0	
生命期	5		伸展	10	
速度	0.1		伸展	0	
角度	0		伸展	90	
旋转	0		伸展	0	
半径	0.07		伸展	0.02	
增长	0		伸展	0	

图 5-46 动态参数调整

这样一个具有飘花效果的粒子就完成了,如图 5-47 所示。

图 5-47 飘花粒子效果

5.4 练习

（1）使用粒子系统制作一个下雨的效果，并使用粒子碰撞效果，表现雨滴下落后滴在物体上发生的反射效果。

（2）使用 4×4 纹理贴图，制作动态蝴蝶效果。

（3）尝试把场景中的其他物件也加上重力。

（4）尝试把布掉在一些有趣的地方，如盖住车或雕塑之类的物体。

6 IdeaVR 创世动画编辑器模块

6.1 动画编辑器

为了能让静态的模型场景具有更丰富的表现形式,使虚拟场景中的内容更加贴合现实,动画编辑器应运而生。动画编辑器是能让模型"动起来",使模型能够进行位移、旋转、材质改变等一系列动态变化的内容编辑工具。动画编辑器可以为场景中的每个节点添加多种类型的、丰富的动态变化。

6.1.1 面板结构

动画编辑器面板结构如图 6-1 所示。

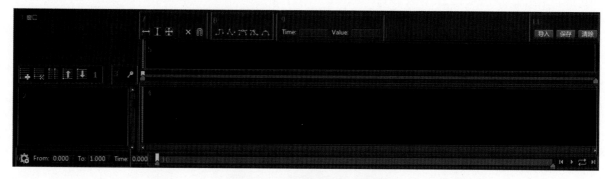

图 6-1　动画编辑器面板结构

- 动画制作工具:"![添加]"添加,"![删除]"删除,"![复制]"复制,"![上移]"上移,"![下移]"下移。

- 显示已添加的动画菜单。

- 时间轴编辑区域。

- 关键帧曲线编辑区域。

- 动画时长设置。

- 关键帧曲线设置。

- 关键帧曲线属性。

- 关键帧的时间和数值。

- 动画播放区域。

- 动画的导入、保存、清除。

6.1.2　界面按钮

打开 IdeaVR 动画编辑器之后，可以看到界面的各个按钮，如图 6-2 所示。

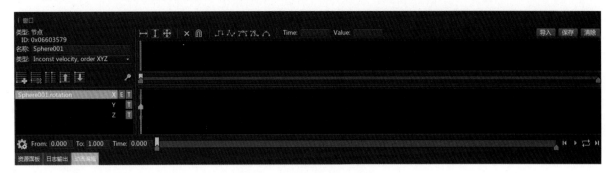

图 6-2　动画编辑器界面按钮

- ""：添加需要的跟踪器(tracker)。

- ""：删除已创建的 tracker。

- ""：复制同一个 tracker。

- ""：对已编辑完的 tracker 进行上移和下移。

- ""：创建时进行关键帧的生成。

- ""：开启/禁用跟踪。

- ""：显示 tracker 的跟踪图。

- ""：设置 tracker 的属性。

- ""：播放 tracker 时选择慢放、播放、循环播放、快进。

- ""：将已编辑完成的 tracker 导入当前场景中。

- ""：保存当前的 tracker 编辑文件。

- ""：清空当前编辑端的内容。

- ""：从水平的方向来调整整个动画帧率，使它正常出现在视图中，如图 6-3 所示。

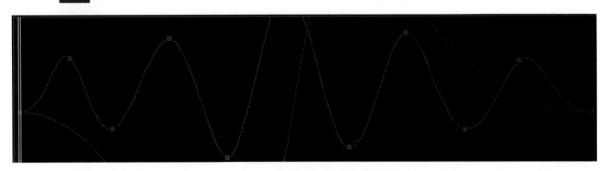

图 6-3　水平方向调整动画

• "⬍"：从垂直的方向来调整，使得最大或者最小都能适应整个视图，如图 6-4 所示。

图 6-4　垂直方向调整动画

• "✥"：使得图像的全部关键帧都出现在视图中，如图 6-5 所示。

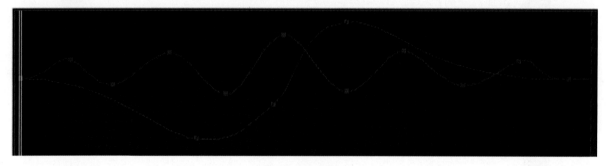

图 6-5　调整结果

• "✕"：删除关键帧。

• "⌐"：在前一帧保持不变的情况下，下一帧发生突然的变化，如图 6-6 所示。

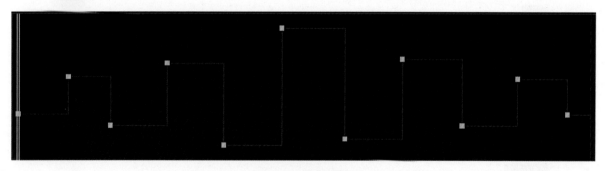

图 6-6　突变效果

• "⋏"：相邻关键帧之间的值是线性内插，如图 6-7 所示。

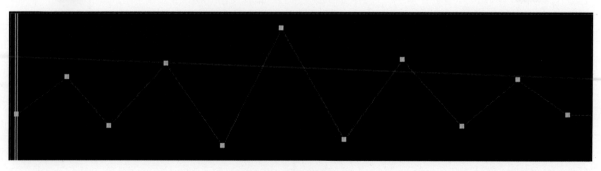

图 6-7　线性内插效果

· "⌒":每一个关键帧上面有 2 个控制节点,如图 6-8 所示。

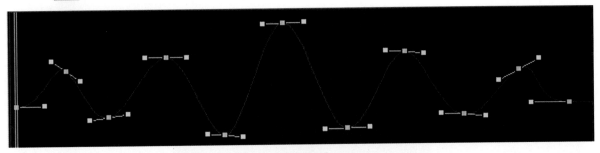

图 6-8 关键帧控制节点

· "⌇":关键帧之间的值可以在尖锐的过渡时被创建,关键帧上面有 2 个控制节点,如图 6-9 所示。

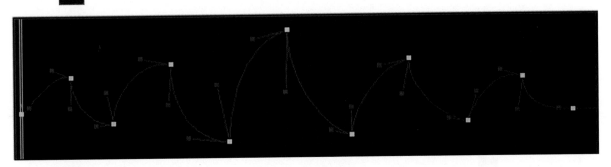

图 6-9 创建关键帧

· "⌒":通过贝塞尔曲线插值,可以控制自动平滑的曲线,如图 6-10 所示。

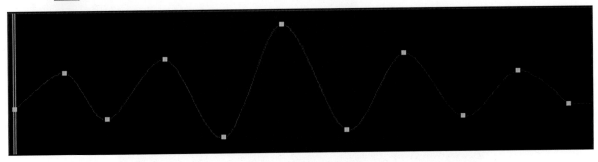

图 6-10 贝塞尔曲线插值

6.1.3 调整动画时间

制作一个动画的同时需要调整动画时间,接下来就来学一下如何调整动画时间。以制作一个最少时间为 1 秒、最多时间为 10 秒、单位时间为 1 秒的动画为例。

选择动画设置按钮,最少时间修改为 1.000,最多时间修改为 10.000,单位时间修改为 1.000,单击"确定",如图 6-11 所示。

图 6-11 时间设置

对单个动画模块进行时间调整,可以选择单个坐标按钮,也可以选择多个坐标按钮一起进行操作,即按下 Ctrl 键,选中坐标按钮,然后调整至需要的动画时间点,如图 6-12 所示。

图 6-12 时间调整

6.1.4 调整关键帧

(1)调整完时间之后需要调整关键帧。

编辑器通过添加所需进行 tracker 编辑的节点进行参数值的编辑,即将其添加到编辑器中,然后通过跟踪来控制参数值。但在编辑器中进行启用"🔑"跟踪时,不能对其进行改变。为了在此基础上能够添加新的关键帧,添加应遵循如下步骤:

- 通过按钮"E"来开启/禁用跟踪。

- 调整参数(如参数的数值、关键帧"🔑"的移动等)。

- 对加入编辑端的关键帧"🔑"进行一个参数的跟踪。

(2)设置时间滑块的位置至合适的位置后单击"🔑",会出现图 6-13 中所示的位置点。

图 6-13 锁定关键帧

(3)单击"🔑"跟踪位置。

(4)再次单击"🔑",在编辑器中添加关键帧的值。

(5)再次单击"E",之后选择播放按钮来播放动画。

6.1.5 预览动画效果

制作完成动画之后,就需要预览一下之前制作好的动画。

方法一:保存制作好的动画,选择动画编辑器底部的播放按钮进行播放预览,如图 6-14 所示。

图 6-14　动画编辑器自带预览功能

方法二：保存制作好的动画，在左侧工具栏中单击第三个按钮，打开交互编辑器。在逻辑单元面板中选择"任务"→"触发器—键盘"，然后拖入交互编辑器画布。在交互编辑器界面底部选择"资源面板"→"tracker"，将之前保存的动画文件拖入交互编辑器画布，按照图 6-15 所示进行交互逻辑连线。将交互编辑器最小化，单击 IdeaVR 顶部菜单栏中的"播放"按钮，播放动画。

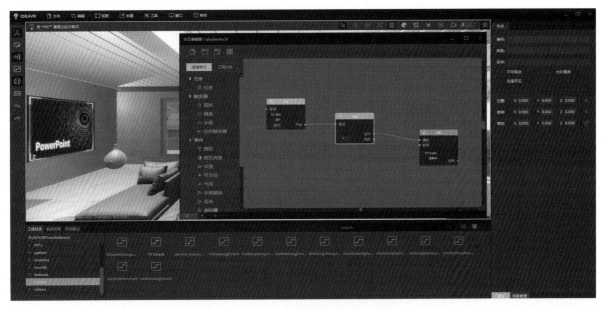

图 6-15　通过交互编辑器进行动画预览

6.2　动画制作

6.2.1　位移动画

进行移动节点(node,如在动画平台上进行上下左右的移动)设置遵循以下步骤：

（1）通过左侧菜单打开动画编辑器""。

（2）单击"　"，添加一个新的 tracker。

（3）在 Add parameter 界面选择节点下的 position，单击"确定"。

（4）进入 select node 界面，选择自己所需要用来移动的节点，单击"确定"。

（5）如需添加其他 tracker 模式，重复（3）（4）步骤。

（6）选中需要移动的节点，单击"　"。

（7）拖动坐标系，将节点移动到新的位置，单击"　"，创建关键帧（关键帧在轴上，注意轴的位置）。

（8）将出现的关键帧拖动到前面/后面对应的空档处（以便下一次出现关键帧时不与当前的重复）。

（9）单击"　"，再单击"　"，播放动画。

6.2.2 缩放动画

（1）通过左侧菜单打开动画编辑器"　"。

（2）单击"　"添加一个新的 tracker。

（3）在 Add parameter 界面选择节点下的 scale，单击"确定"。

（4）进入 select node 界面，选择自己所需要用来翻转的节点，单击"确定"。

（5）如需添加其他 tracker 模式，重复（3）（4）步骤。

（6）参照移动节点设置关键帧的方法，修改关键帧的属性。

（7）单击"　"，再单击"　"，播放动画，如图 6-16 所示。

图 6-16　缩放动画关键帧

6.2.3 相机路径动画

在制作相机路径动画时需要在 IdeaVR 创建菜单中创建相机，并设置相机为接下来的制作动画提供便利。在右侧模型信息栏选择刚刚添加的相机模块 PlayerDummy，选择"相机预览图"，如图 6-17 所示。在制作动画时，可以方便地看到相机拍摄的内容以及相机运动的轨迹。

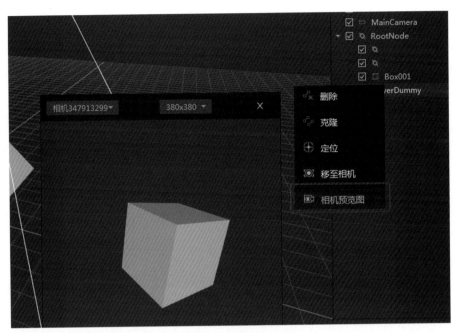

图 6-17 打开相机预览图

以制作一个带位移加旋转的相机路径动画为例。

(1)选择动画编辑器,打开动画面板,单击"添加动画编辑器"→"position(位置动画)"→"确定"。

(2)选择 PlayerDummy(相机名称),单击"确定"。

(3)制作动画路径,参数如下,如图 6-18 所示。

X 数值 0.000、Y 数值 0.000、Z 数值 5.000	X 数值 0.000、Y 数值 0.000、Z 数值 5.000

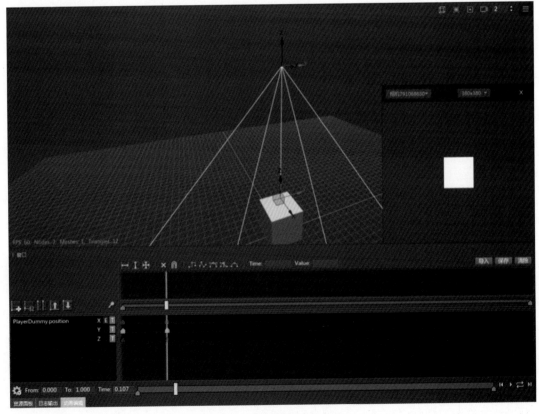

图 6-18 制作相机位移动画

（4）制作旋转动画,单击"添加参数"→"rotation（旋转）"→"确定"→"PlayerDummy（相机名称）"→"确定",如图 6-19 所示。

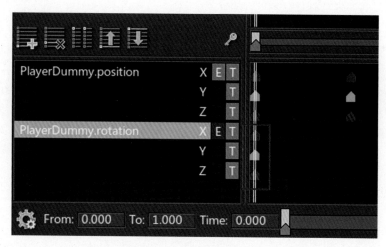

图 6-19　制作相机旋转动画

（5）设旋转动画参数 X 数值为 0.000、Y 数值为 0.000、Z 数值为 80.000。

注意:修改动画时,如制作一个动画时间,可以通过修改动画时间的长短来精确修改动画路径,即选择动画设置,将最多时间修改为 10.000,单击"确定"。

（6）制作相机移动路径,单击" " →"position（位移）"→"PlayerDummy（相机模块）",参数如下,如图 6-20 所示。

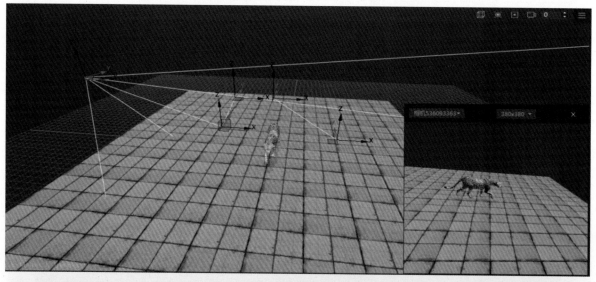

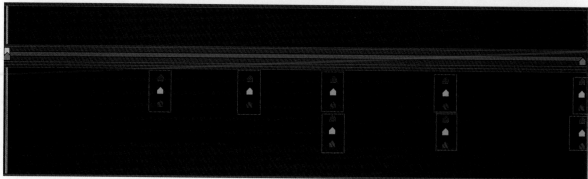

图 6-20　制作相机移动路径

1X:时间 0.628、数值－23.033	Y:时间 0.628、数值－1.847	Z:时间 0.628、数值 10.380
2X:时间 0.425、数值－7.937	Y:时间 0.425、数值－2.387	Z:时间 0.425、数值 3.949
3X:时间 0.571、数值－5.956	Y:时间 0.571、数值－2.320	Z:时间 0.571、数值 8.165
4X:时间 0.763、数值－1.421	Y:时间 0.763、数值－2.290	Z:时间 0.763、数值 8.262
5X:时间 1.000、数值 6.106	Y:时间 1.000、数值－4.173	Z:时间 1.000、数值 4.035

制作好这 5 个位移节点之后,在 3、4、5 添加旋转动画(可以使相机动画跟随移动一起变化),参数如下:

3X:时间 0.570、数值 350.719	Y:时间 0.570、数值 306.085	Z:时间 0.570、数值 264.463
4X:时间 0.764、数值 362.477	Y:时间 0.764、数值 356.306	Z:时间 0.764、数值 438.286
5X:时间 1.000、数值 373.970	Y:时间 1.000、数值 427.922	Z:时间 1.000、数值 4.035

6.2.4 骨骼动画

用户可以直接在 3ds Max 软件内制作绑定骨骼动画的人物或动物模型,在动画编辑器里控制骨骼动画的播放和停止,使用 FBX 的模型导入 IdeaVR 创世后,对骨骼动画进行播放、循环等操作,如图 6-21 所示。

图 6-21 导入骨骼动画

当用户导入骨骼动画模型后,可以在属性面板修改动画的相关参数,如图 6-22 所示。

图 6-22 属性面板

- 播放：勾选后，骨骼动画会自动播放。
- 循环：勾选后，骨骼动画会循环播放。
- 速度：默认数值为 1，可以根据实际动画速度修改数值，范围为 1～200。

6.2.5 路径动画

路径动画，即用户在 3ds Max 或 Maya 等建模软件内通过内置的动画编辑器制作的关键帧动画。这个动画类型目前也可以通过导入模型直接在 IdeaVR 生成对应的关键帧动画，用户只需一键即可导入该路径动画，并对动画做修改。

操作方式如下：

导入一个名为 ditie_donghua.fbx 的模型。该模型自带路径动画，导入后需保存为工程文件，如图 6-23 所示。

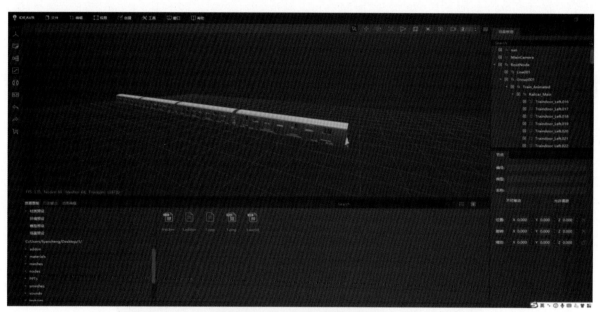

图 6-23　导入带路径动画的模型

打开动画编辑器"　"，单击"　导入　"，把已保存的地铁路径动画加载到动画编辑器内，如图 6-24 和图 6-25 所示。

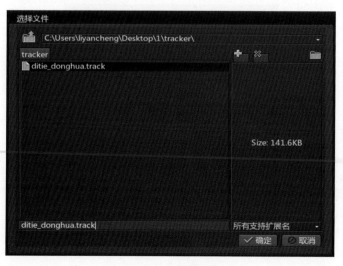

图 6-24　导入路径动画

图 6-25　修改路径动画

6.3　应用展示

学习一下空调拆装动画是如何制作的。如图 6-26 所示,该部分位移动画需要移动空调各部件。

图 6-26　空调拆装动画

部件 1:KongTiaoNeiJi。

如图 6-27 所示,移动第一个部件,选择"　"postition(位移),单击"确定",选择 KongTiaoNeiJi(需要位移模型的名称),在 Z 轴使用双击选择位移动画距离位置。

注意:其他部件移动动画制作与其相同,不再重复介绍,只给出响应位置参数。

图 6-27　部件 1 位移动画

位置参数如下:

1. Z 时间 0.946、数值 1.500	2. Z 时间 1.746、数值 1.500

部件 2：MianBanZhuangShiBan_1（见图 6-28）。

图 6-28　部件 2 位移动画

位置参数如下：

位置 1	位置 2
X：时间 0.946、数值 1.500	X：时间 0.946、数值 1.500
Y：时间 0.946、数值 1.500	Y：时间 0.946、数值 1.500
Z：时间 0.946、数值 1.500	Z：时间 0.946、数值 1.500

部件 3：DiPanBujian_1（见图 6-29）。

图 6-29　部件 3 位移动画

位置参数如下：

位置 1	位置 2	位置 3
X：时间 1.716、数值 0.000	X：时间 2.327、数值 0.000	
Y：时间 1.716、数值 14.172	Y：时间 2.327、数值 14.172	
Z：时间 1.716、数值 −5.053	Z：时间 2.327、数值 −53.000	Z：时间 2.406、数值 −50.500

部件 4:DianQiHeZuJian_1(见图 6-30)。

图 6-30 部件 4 位移动画

位置参数如下：

位置 1	位置 2	位置 3
X:时间 1.716、数值 37.507	X:时间 2.328、数值 80.000	X:时间 2.400、数值 78.500
Y:时间 1.716、数值 15.991	Y:时间 2.328、数值 15.989	
Z:时间 1.716、数值 −1.400	Z:时间 2.328、数值 −1.400	

部件 5:FengBan1(见图 6-31)。

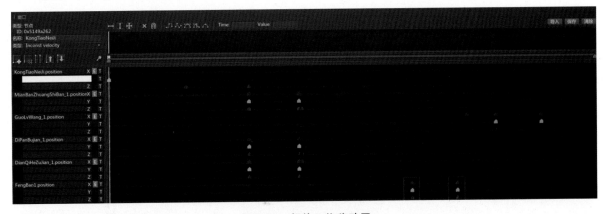

图 6-31 部件 5 位移动画

位置信息如下：

位置 1	位置 2
X:时间 3.729、数值 36.950	X:时间 4.283、数值 36.949
Y:时间 3.729、数值 2.490	Y:时间 4.283、数值 −18.874
Z:时间 3.729、数值 3.987	Z:时间 4.283、数值 34.848

部件 6:ZhenFaQi_1(见图 6-32)。

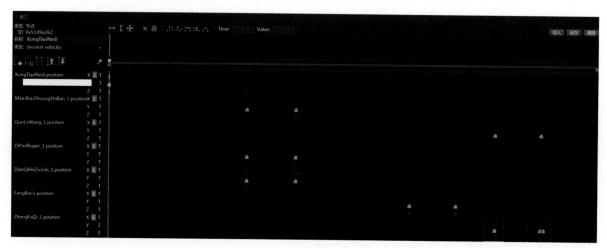

图 6-32　部件 6 位移动画

位置信息如下：

位置 1	位置 2	位置 3
X:时间 4.768、数值−0.596	X:时间 5.327、数值−0.596	
Y:时间 4.768、数值 0.000	Y:时间 5.327、数值−40.000	Y:时间 5.392、数值−38.500
Z:时间 4.768、数值−4.000	Z:时间 5.327、数值−1.257	

部件 7:JieShuiPan_1(见图 6-33)。

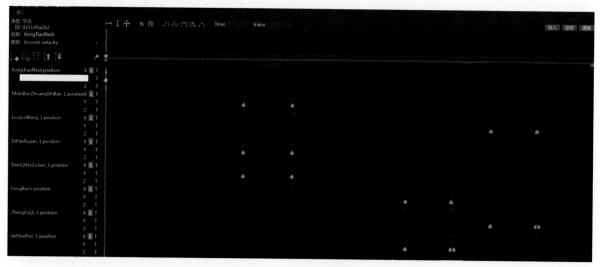

图 6-33　部件 7 位移动画

位置信息如下：

位置 1	位置 2	位置 3
X:时间 3.723、数值−1.440	X:时间 4.283、数值−1.442	
Y:时间 3.723、数值 4.874	Y:时间 4.283、数值−42.000	Y:时间 4.347、数值−40.5000
Z:时间 3.723、数值 2.441	Z:时间 4.283、数值 2.441	

部件 8:DianFuReZujan_1(见图 6-34)。

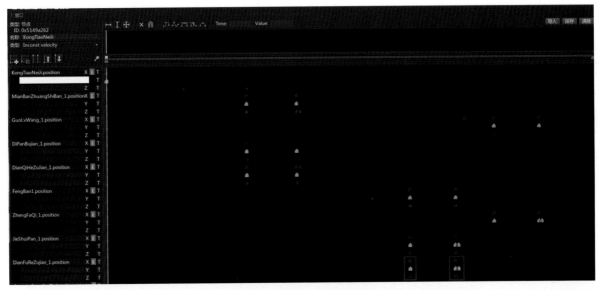

图 6-34 部件 8 位移动画

位置信息如下：

位置 1	位置 2	位置 3
X:时间 3.723、数值－5.450	X:时间 4.283、数值－5.448	
Y:时间 3.723、数值 20.747	Y:时间 4.283、数值 66.000	Y:时间 4.353、数值 64.500
Z:时间 3.723、数值 1.066	Z:时间 4.283、数值－2.881	

部件 9:GuanLiuFengSanZuJian_2(见图 6-35)。

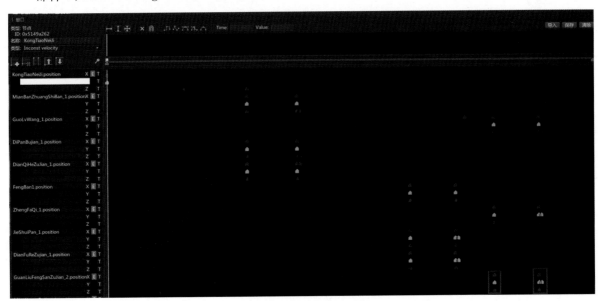

图 6-35 部件 9 位移动画

位置信息如下：

位置1	位置2	位置3
X：时间 4.768、数值 −2.509	X：时间 5.327、数值 −2.509	
Y：时间 4.768、数值 0.000	Y：时间 5.327、数值 −46.000	Y：时间 5.398、数值 44.500
Z：时间 4.768、数值 −3.000	Z：时间 5.327、数值 −3.000	

部件 10：MianKuangBuJian_1（见图 6-36）。

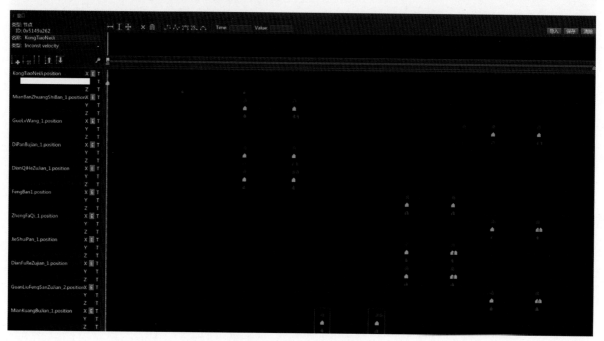

图 6-36　部件 10 位移动画

位置信息如下：

位置1	位置2	位置3
X：时间 2.692、数值 0.000	X：时间 3.368、数值 −108.000	X：时间 3.445、数值 −106.500
Y：时间 2.692、数值 14.175	Y：时间 3.368、数值 14.183	
Z：时间 2.692、数值 2.750	Z：时间 3.368、数值 6.652	

7 IdeaVR 创世交互编辑器模块

IdeaVR 创世面向广大非专业程序开发用户,拥有简单易用的交互编辑器功能,使用零编程和图像化的方法快速制定交互和行为逻辑,解决 VR 教学内容制作困难的痛点。交互编辑器是 IdeaVR 创世的一大特色功能,它是一个灵活且强大的零编程图形化编辑器,通过拖拽式的操作,可快速、自由地搭建复杂的场景行为逻辑,支持手柄、鼠标、键盘等设备的触发方式,同时还支持场景模型的显示/隐藏、材质变化、动画播放等事件的定义,可快速制定交互以及行为逻辑。

7.1 交互编辑器

7.1.1 菜单界面

交互编辑器界面可通过菜单栏或者左侧的快捷工具栏""打开。IdeaVR 交互编辑器的界面如图 7-1 所示。

图 7-1 交互编辑器界面

• 文件管理工具:"▢"新建;"▤"保存;"▣"另存为;"▥"布局,即逻辑单元的自动排版功能。

• 逻辑单元库:提供各种图形化的逻辑单元,后面章节会对各个逻辑单元的功能进行详细介绍。

· 工程文件：显示场景中已保存的交互逻辑文件，可通过鼠标将交互文件直接拖入逻辑编辑区视口中进行查看。

· 逻辑编辑区：主要用于放置逻辑单元和逻辑单元之间彼此的链接，进行可视化编辑，如图 7-2 所示；可直接将需要的逻辑单元拖入该界面窗口中进行使用，该界面中的单元可从场景管理器中直接拖入节点（包括音频、视频、触发器节点），也可在资源面板中打开 tracker 文件，直接拖入动画使用。

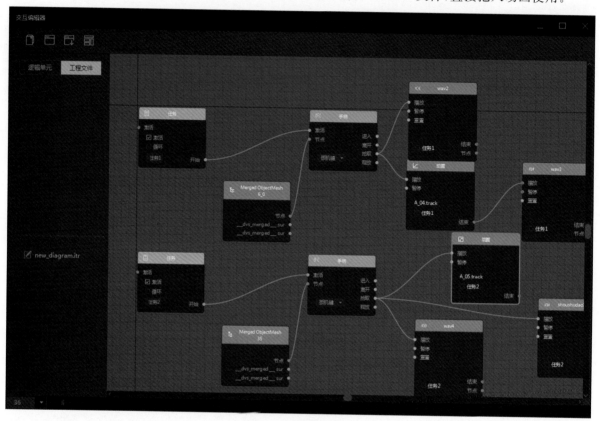

图 7-2 逻辑编辑区

· 编辑区视口调整栏。

7.1.2 逻辑单元

交互编辑器通过连线的方式链接逻辑单元之间的行为关系，实现场景中的行为逻辑。交互编辑器提供常用的行为逻辑单元。下面对交互编辑器中的逻辑单元逐个进行简单的介绍。

7.1.2.1 任务模块

用于一条任务的开始，可以控制任务的激活与循环命令。如图 7-3 所示，可在任务输入框输入任务名称，可勾选激活与循环两个任务状态，开始逻辑用于链接任务的激活方式。

图 7-3 任务模块

7.1.2.2   触发器

该类逻辑单元为事件的触发方式。当前常用的触发方式有鼠标、键盘、手柄及空间触发器四种。

(1)鼠标触发事件包括选定具体点位后左击、右击、双击等模式,在视口内进行该三种操作即可触发事件,如图 7-4 所示。

(2)键盘触发事件分为按下和释放两种操作。当前版本的键盘仅支持字母键触发事件(字母不分大小写),暂不支持数字键和其他符号键触发事件,如图 7-5 所示。

(3)手柄触发事件是通过手柄对具体节点进行操作触发的,触发方式有进入、离开、拾取、释放四种操作。其中,进入、离开是手柄射线触碰到具体节点为进入,射线从物体上移开为离开,而拾取与释放是通过手柄按键对节点进行操作来实现的。拾取为射线指向节点后按下对应手柄操作键触发,释放为射线指向节点并按下对应手柄操作键后再释放该按键来触发。

手柄触发键有漫游键、扳机键、握持键(见图 7-6)。在 G-motion 追踪环境下,手柄的这三个按键功能均映射至确定键(5 键)。

图 7-4   鼠标触发

图 7-5   键盘触发

图 7-6   手柄触发

另外,逻辑单元中的" 节点 "链接需要进行手柄操作的节点单元框设置。

(4)通过空间触发器触发事件时需要搭配场景中创建的空间触发器节点来使用,触发方式有进入和离开两种,如图 7-7 所示。

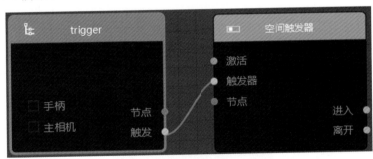

图 7-7   空间触发器触发一

在编辑区拖入空间触发器 trigger 节点,链接触发关联。

进入和离开触发空间触发器的类型有三种:

a.手柄离开或进入,在触发器节点单元中勾选手柄状态,则当手柄进入或离开空间触发器范围时触发事件。

b.主相机进入或离开,在触发器节点单元中勾选主相机状态,则当视口移动至空间触发器内或离开时触发事件。

c.物体进入或离开,在触发器单元节点接口链接进入或离开的物体节点,则通过物体的移动进入或离开来触发事件,如图7-8所示。

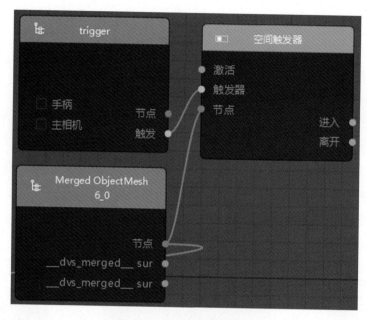

图7-8　空间触发器触发二

此外,空间触发器节点单元本身也可作为一个节点使用,故该单元上还有一个节点接口。当空间触发器作为节点使用的应用场景有空间触发器事件触发完毕后,隐藏该空间触发器节点,后续不再触发该事件。

7.1.2.3　事件

该类逻辑单元为事件单元,分为颜色、颜色亮度、纹理、可见性、气味、手柄替换、组合、结束、itr 文件和 mgr 文件使用九个属性事件。

(1)颜色。通过该逻辑单元事件可修改物体材质颜色,如图7-9所示,将需要修改颜色的节点 surface 与逻辑单元中的 surface 相连,并在逻辑单元中设置修改后的颜色。可直接修改或打开详细修改页进行设置,如图7-10所示。

图7-9　颜色事件

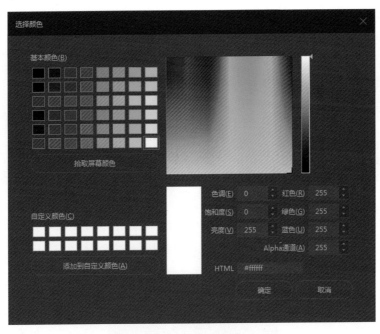

图 7-10　颜色设置

（2）颜色亮度。通过该逻辑单元事件可对物体的材质颜色的亮度进行修改，如图 7-11 所示，将需要修改颜色亮度的节点 surface 与逻辑单元中的 surface 相连，并调整修改后的颜色亮度值。

（3）纹理。通过该逻辑单元事件可对物体材质的纹理贴图进行修改，如图 7-12 所示，将需要修改纹理的节点 surface 与逻辑单元中的 surface 相连，并单击"●●●"，选择需要赋予的纹理贴图即可。

图 7-11　颜色亮度事件

图 7-12　纹理事件

（4）可见性。该逻辑单元事件可改变物体的显隐状态，如图 7-13 所示。可见性事件接口分为：

·显示/隐藏：自动识别物体的初始状态，即直接改变物体初始显隐状态，原隐藏物体触发后显示，原显示物体触发后隐藏。

·显示：触发后物体显示。

·隐藏：触发后物体隐藏。

在可见性事件单元中，可对物体节点或者物体的 surface 进行触发事件，并根据需求将物体节点的节点接口或 surface 接口链接至可见性对应接口处。

（5）气味。通过该逻辑单元事件可以结合相应的硬件散发出气味，如图 7-14 所示。选择相应的×号口，编辑气味名称和气味时长，选择一种触发方式链接打开节点就可以让硬件散发气味，同时选择一种触发方式链接停止节点，也就可以让硬件关闭气味。

图 7-13　可见性事件

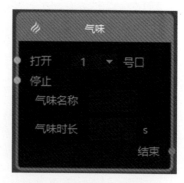

图 7-14　气味事件

（6）手柄替换。通过该逻辑单元事件可将手柄与选择的物体进行替换，如图 7-15 所示，将需要替换的物体与逻辑单元中的节点相连。在场景中，用手柄射线拾取物体，扣动扳机键，就可以将手柄替换成对应的物体。勾选归位，释放手柄后节点会归位；不勾选归位，手柄释放后节点停留在释放的位置，若有重力模式，则直接向下掉落。

图 7-15　手柄替换事件

（7）组合。通过该逻辑单元事件可将多个 itr 文件链接后保存成 mgr 文件，实现单任务的组合，如图 7-16 所示。

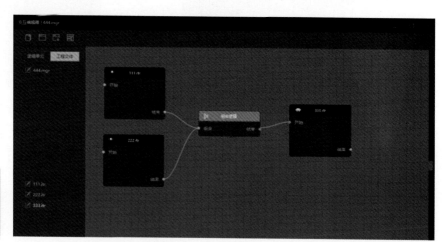

图 7-16　编辑组合

（8）结束。该逻辑单元事件可以链接在一条任务逻辑后面，实现结束命令，也可以和组合逻辑搭配使用，就是在单个任务后接上结束的逻辑单元事件，实现单任务的组合，如图 7-17 所示。

　　逻辑单元除了在交互编辑器界面上预设的常用逻辑单元外，还可从节点面板中直接拖入物体节点单元，链接至逻辑中作为节点使用，也可对物体 surface 进行逻辑事件（见图 7-18），还可从节点面板中拖入音视频节点单元（见图 7-19），对音频、视频进行触发逻辑事件（播放和暂停）。音频、视频单元也可作为节点使用，例如作为节点使用，对音频、视频做可见性的逻辑。隐藏音频或视频时，则音频、视频会暂停。另外,场景中制作的动画文件(tracker 文件)都默认保存在"资源面板—tracker 文件夹中"(见图 7-20)。在该窗口可直接将动画文件拖至交互编辑器编辑区,对其进行交互逻辑连线。其中,气味模块是结合气味硬件,根据不同的场景散发相应的气味。只要在相应的×号口编辑好气味名称和气味时长(见图 7-21),触动选择的触发方式就可以触发。

图 7-17　结束逻辑

图 7-18　节点设置交互逻辑

图 7-19　音视频设置交互逻辑

图 7-20　场景 tracker 文件

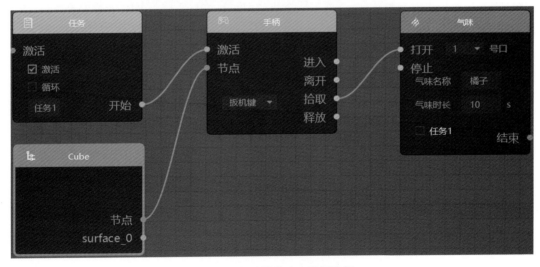

图 7-21　气味模块交互逻辑编辑

(9)itr 文件和 mgr 文件使用。为了让用户可以分工协作,软件里添加了 itr 和 mgr 两种格式文件。可以将一些小的逻辑做好保存成 itr 文件,然后找到工程文件面板下的 itr 文件,将所有 itr 文件拖进新的面板里集中链接交互顺序,这样保存后的就是 mgr 文件,如图 7-22 所示。若要修改,直接在工程文件面板下双击 itr 文件或者 mgr 文件即可。

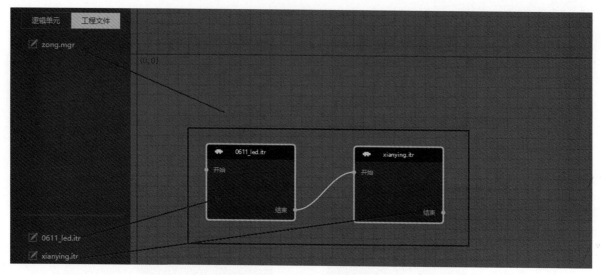

图 7-22　itr 文件和 mgr 文件使用

7.2　实例演示

前面章节介绍了交互编辑器各个逻辑单元和事件单元的功能和使用,下面将展示交互编辑器实际应用中单个任务的链接和多个任务组合使用的交互使用方法。

7.2.1　逻辑单元链接

IdeaVR 创世图形化的交互编辑器通过对逻辑单元之间的连线来建立交互逻辑事件。各个逻辑单元上有相应的事件接口,将所需的逻辑单元拖入交互逻辑编辑区,进行可视化的逻辑连线,以实现场景交互。

在逻辑编辑区,先单击单元接口,然后链接至下一链接单元接口,最后再次单击即完成连线。若需要删除连线,只需单击需要删除的线(选中后该线会加粗显示),然后按 Delete 键即可。

为了使用户界面更友好、操作更便捷,各个逻辑单元的接口有颜色的区分,在默认状态下只有相同颜色的接口才可以进行连线。当需要在不同颜色的接口之间进行连线时,可将光标移至该接口处,长按左键,对该接口进行颜色更改,然后再进行同色接口链接。

下面介绍几个简单典型逻辑的链接,以增强对交互编辑器的认识。

(1)字母键 K 触发动画播放，如图 7-23 所示。

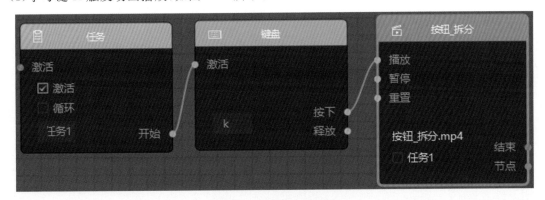

图 7-23　键盘触发事件

以上逻辑实现了按下字母键 K(不区分大小写)，拆分动画播放。在该逻辑中，有以下注意点：

• 任务激活：在任务单元前的激活接口未链接任何约束前，需勾选激活状态该任务才可被触发。

• 任务循环：勾选循环状态，该任务激活后会被循环执行，即拆分动画循环播放。

• 动画任务勾选状态：在动画单元中，有"任务 1"该字样状态勾选栏，勾选该状态即该任务触发一次后关闭，将不再被触发，不勾选即无限触发(每按一次字母键 K 即触发一次)。

(2)改变接口颜色，在上一条拆分动画播放完毕后，继续播放下一条动画的交互逻辑，可实现多个动画有顺序地播放，如图 7-24 所示。

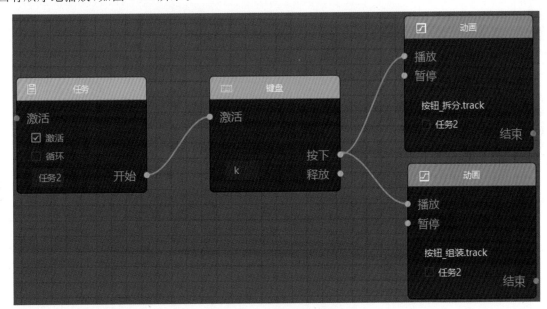

图 7-24　多个事件先后触发

按下字母键 K，播放拆分动画。播放完毕后，继续播放组合动画。该逻辑中运用了改变单元接口的颜色属性，第二个动画单元的播放接口默认为绿色，通过单击该接口并长按后改变为红色，将上一个动画播放结束链接至该动画播放，则两个动画可以有顺序地播放。

（3）通过字母键 K 触发两个动画同时播放，如图 7-25 所示。

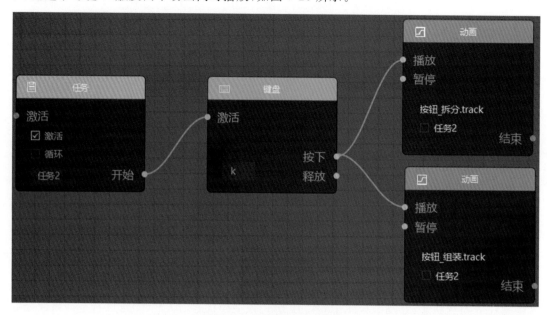

图 7-25 同时触发多个事件

或通过手柄触发不同任务，如图 7-26 所示。手柄拾取 ButtonMesh 显示节点，触发音频的播放，同时触发 led_1 节点的显示事件。

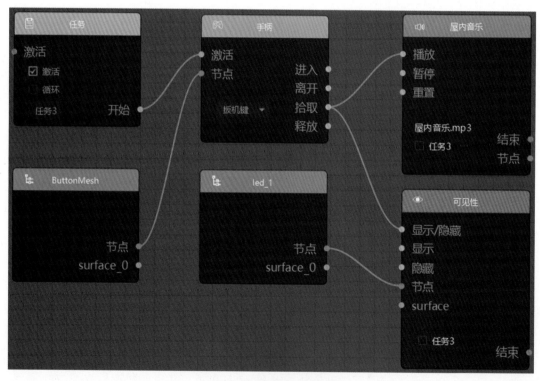

图 7-26 手柄触发不同任务

（4）通过手柄触发物体的可见性交互逻辑，如图 7-27 所示。

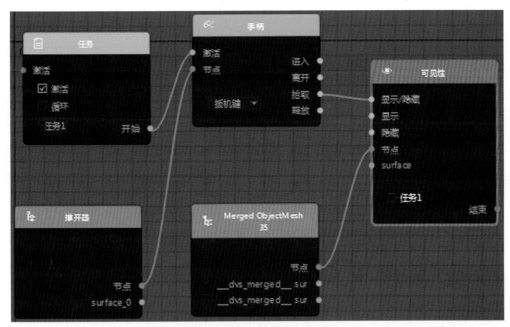

图 7-27　手柄触发可见性事件

以上交互逻辑实现的具体效果是手柄射线指向物体节点 UI，然后扣动手柄扳机键，触发对 Particles 这个粒子节点的显隐。当物体本身显示时，则触发隐藏；当物体本身隐藏时，则触发显示。

（5）实现场景视角进入空间触发器时，触发视频播放的交互逻辑，如图 7-28 所示。

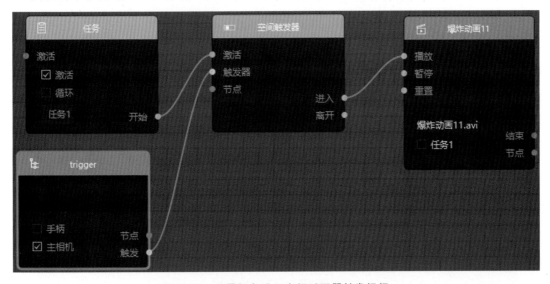

图 7-28　场景视角进入空间适配器触发视频

在触发器单元，勾选主相机，表示场景视角进入该空间触发器范围内后触发事件视频播放。该逻辑的应用场景：在场景中漫游，漫游至一个影院（空间触发器范围）内，触发视频播放；在某个地方制作传送阵的粒子效果，在该传送阵内放置空间触发器，人物瞬移至该传送阵中，则触发相机动画，直接跳转至另一相机视角，实现传送阵传送效果。

（6）实现物体节点被移动至空间触发器内时触发动画播放，如图 7-29 所示。

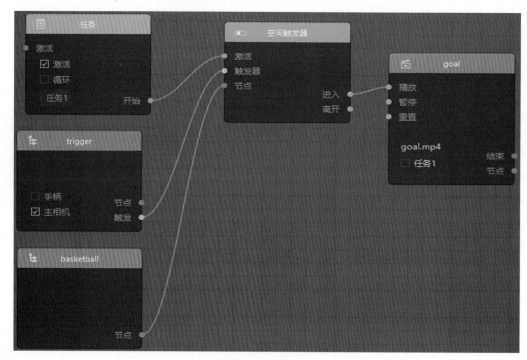

图 7-29　物体节点空间触发器触发事件

在以上交互逻辑中，basketball 节点进入空间触发器范围内，该节点可通过手柄部件移动或者位移动画，进入该空间触发器范围内，播放 goal 动画。

注意：空间触发器触发事件若出现触发失败情况，请检查空间触发器触发方式。若是包围触发，检查是否完全进入空间触发器，只有当完全进入空间触发器时才会触发事件。

（7）也可直接通过交互编辑器实现节点材质的改变，如图 7-30 所示，右击节点 Object，Particles 的材质会发生改变。

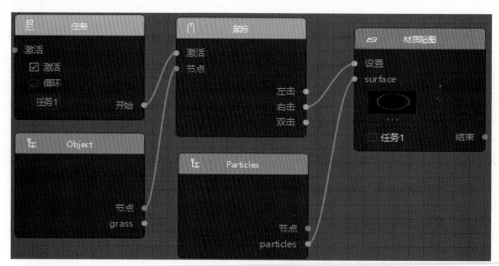

图 7-30　鼠标触发事件

以上交互逻辑实现了右击视口时触发节点的 surface 漫反射纹理贴图发生改变。在逻辑单元中，还可以触发材质的颜色和亮度的改变。

7.2.2　任务约束

在 IdeaVR 创世交互编辑器的使用中，链接较为复杂的交互逻辑时，需要多任务之间进行相互约束,并通过任务约束链接来避免任务间的冲突,实现任务逻辑间的实现顺序。下面介绍几种常用的任务约束逻辑,方便应用于后面的组合逻辑当中。

(1)在一条任务结束后,触发另一条任务开始,有不同的触发方式,如图7-31所示。

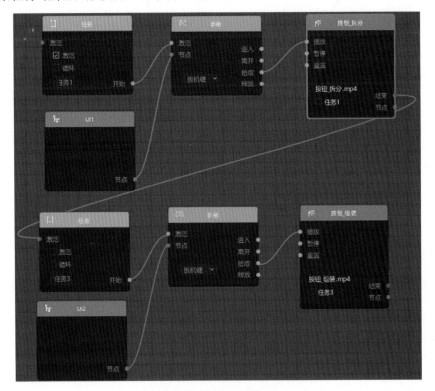

图7-31 任务之间的约束

以上交互逻辑实现的内容为:手柄拾取节点UI1,触发按钮_拆分动画,在按钮_拆分动画播放完成后,才可激活任务2。任务2为手柄拾取节点UI2,播放按钮_组装动画。在以上逻辑中,只有任务1完成后,任务2的状态才可被激活,即逻辑是在指定顺序下完成的。

(2)同一个触发方式来触发多个任务有逻辑地执行,如图7-32所示。

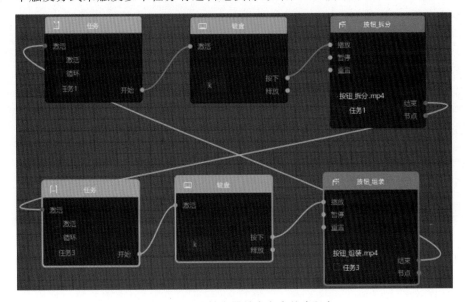

图7-32 相同触发器触发多个约束任务

以上交互逻辑中,任务1为激活状态,按下字母键K(当前状态任务2为激活字母键K不触发),仅触发任务1按钮_拆分动画播放,动画播放完成后,任务1被关闭(任务1状态勾选),且同时激活任务 2,再次按下字母键 K,触发任务 2 按钮_组装动画播放,播放完成后,任务 2 被关闭,且再次激活任务 1,如此循环触发。通过任务约束逻辑,可实现同一触发方式对多个任务的触发及约束。例如当三个任务用同一触发方式时,可实现依次触发且循环的情况,如图 7-33 所示。

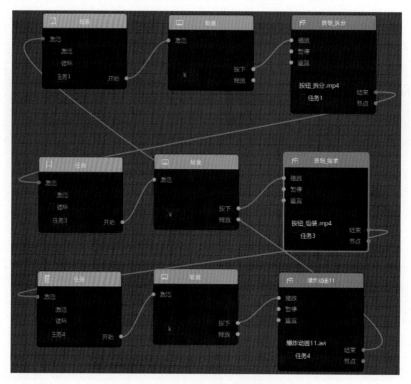

图 7-33 三个任务由同一触发器约束触发

(3)用组合逻辑实现单任务的组合。如图 7-34 所示,将做好的交互保存,在工程文件面板下会生成 itr 文件,将这些 itr 文件拖到新建的面板下,通过组合逻辑,可以实现 jiaohu1 和 jiaohu2 的交互都结束后再触发 jiaohu3 的交互。

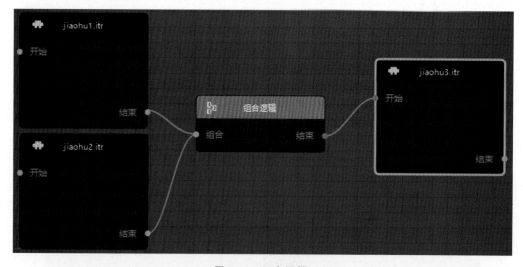

图 7-34 组合逻辑

(4)用手柄替换逻辑单元事件,可将手柄与选择的物体进行替换,如图 7-35 所示。将需要替换手柄的节点 zhuzi 链接到手柄替换逻辑单元。勾选归位后,在场景中,当手柄射线指向 zhuzi 并扣动扳机键时,手柄就替换成了 zhuzi;当放下扳机键后,zhuzi 便会归位。

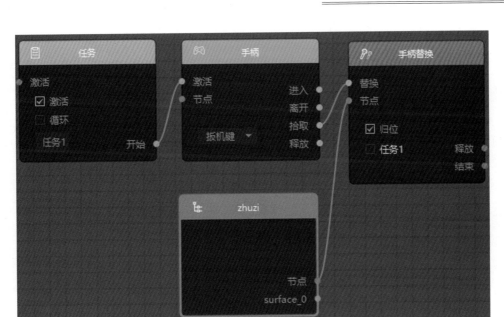

图 7-35 手柄替换逻辑单元事件

（5）气味逻辑单元事件，通过该逻辑单元事件可以结合相应的硬件。在场景中，单击相应的物体就会散发出气味，如图 7-36 所示。

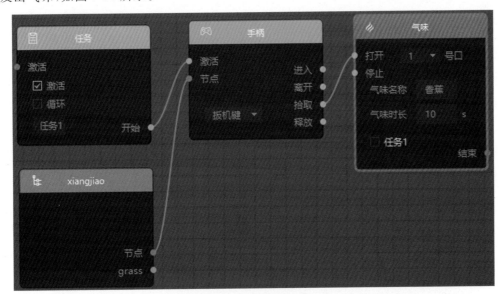

图 7-36 气味逻辑单元事件

链接逻辑单元，在气味逻辑单元事件上选择 1 号口，编辑气味名称和气味时长。在运行时，佩戴上相应的硬件设备。在场景中，当手柄射线指向 xiangjiao，扣动扳机键就可以在硬件 1 号口散发香蕉的气味，气味持续 10 秒。

(6)结束逻辑单元事件,就是链接在一条任务逻辑后面,实现结束命令,如图 7-37 所示。

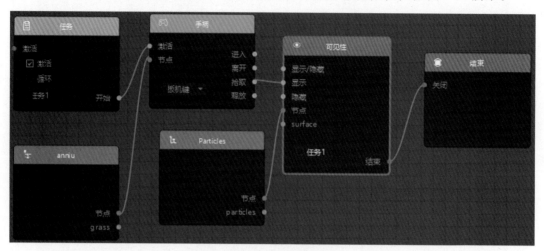

图 7-37 结束逻辑单元事件

7.2.3 使用小技巧

图形化的 IdeaVR2019 交互编辑器在使用的过程中还有一些隐藏的技巧,可以为用户的使用提供很多的便利,使交互界面更加友好。

(1)任务分块框选,可以对一个模块的逻辑任务进行框选组合,如图 7-38 所示。

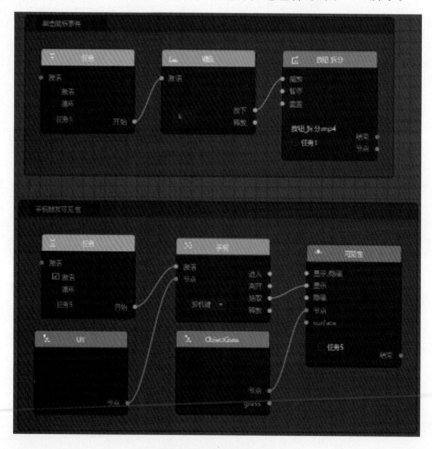

图 7-38 任务分块框选

以上框选模块任务操作,先选中多个需要框选的逻辑和事件单元,然后按字母键 O 即可将所需要组合在一起的单元框选在一个大的单元内。在选框模块的左上角,可以对该模块进行任务命名。将任务框选在一起后,可以方便该模块在交互编辑器编辑视口中整体的移动。另外,框选之后的模块与模块之间的逻辑也是可以相互链接的,如图7-39所示。交互逻辑任务进行框选之后,不能再使用布局功能。若要删除框选,也可通过单击选中该选框,按Delete键,即可删除该选框,但不会删除选框中的逻辑单元。

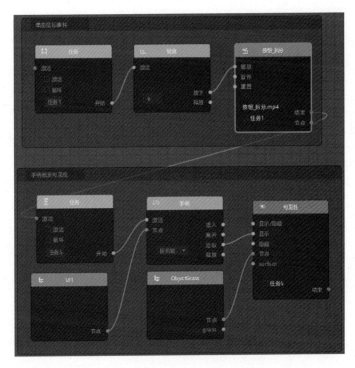

图7-39　模块与模块之间逻辑链接

(2)交互编辑器编辑窗口中的单元与场景中的节点有双击呼应功能。

双击交互编辑器中的节点单元。在场景视口中,该节点会被选中,且在场景管理器中该节点会高亮显示,如图7-40所示。

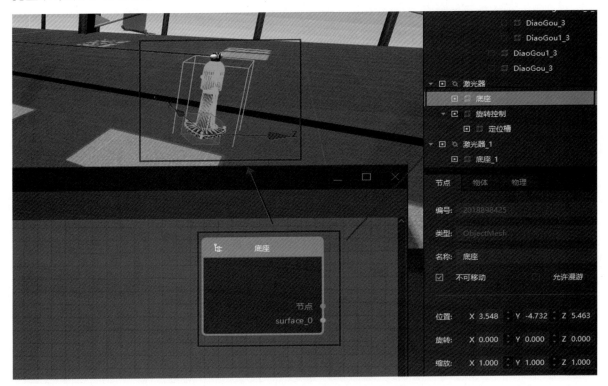

图7-40　双击呼应功能

当双击场景视口或者场景管理器中的节点时,交互编辑器中对应的单元也会高亮显示,且当交互编辑器中有多个该节点单元时,均会高亮显示。另外,若视口内无法显示所有单元时,可通过快捷键依次查找。快捷键 Shift+F3 为逆序查找,快捷键 F3 为顺序查找,如图 7-41 所示。

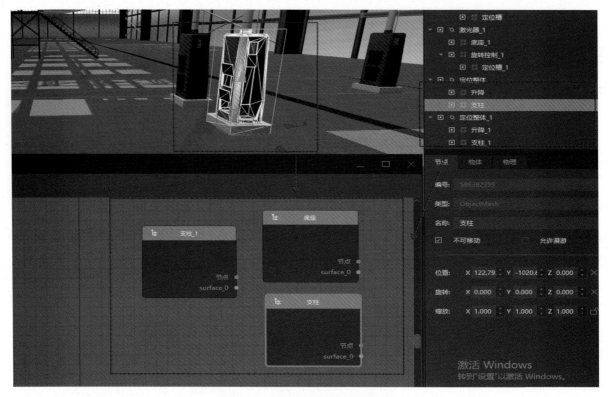

图 7-41 快捷键 Shift+F3 的使用

双击窗口栏 tracker 文件中的动画文件,交互编辑器编辑界面中对应的动画单元会高亮显示,反之双击交互编辑器编辑界面的动画单元,窗口界面 tracker 文件夹中对应的动画不会高亮显示,如图 7-42 所示。只有在窗口单击时,交互编辑器中的才会高亮显示,且交互编辑器中存在多个该动画单元时,依然可以按照前面快捷键进行依次查找。

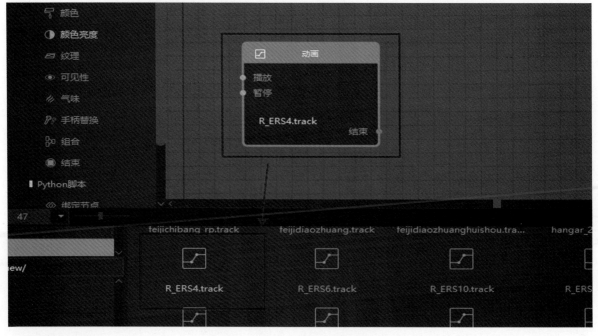

图 7-42 tracker 文件夹中的动画文件

（3）当交互文件制作完毕且保存后，可在交互编辑器工程文件栏设置默认加载交互，如图 7-43 所示。

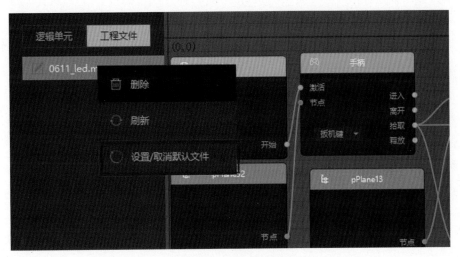

图 7-43　交互文件保存

当设置默认加载交互时，在 IVRPlayer 中启动场景，会默认加载该交互文件，不需要手动再次加载交互。右击工程文件名，弹出右键菜单，分别有删除、刷新、设置/取消默认文件三个功能。删除即删除该交互文件，刷新即对修改的交互文件进行刷新展示，最后则是设置默认加载交互文件的功能按键。

当该工程文件被设置默认加载交互时，该工程文件图标会显示绿色，如"⬛ 0611_led.itr"；若取消设置默认加载文件，且为选中预览状态，则该工程文件图标显示为蓝色，如"⬛ 0611_led.itr"；其他状态则显示为灰色，如"⬛ 0611_led.itr"。

7.2.4　交互逻辑预览

场景搭建与交互逻辑链接完成后，可在制作过程中对在编辑端所编辑的交互逻辑进行预览、检查交互的可行性和准确性。

那么在软件编辑端，用户打开交互编辑器，制作了交互逻辑后，在不关闭交互编辑器的情况下，直接单击场景视口上方的运行按键，可在视口内按照对应触发方式触发交互逻辑，以达到实时检查所链接的交互逻辑是否准确的目的。如图 7-44 所示，当打开交互编辑器时，单击"运行"，若场景视口被挡住，可最小化交互编辑器界面。另外，按 Esc 键可退出运行状态。退出运行状态时，所有触发状态会恢复至初始状态。

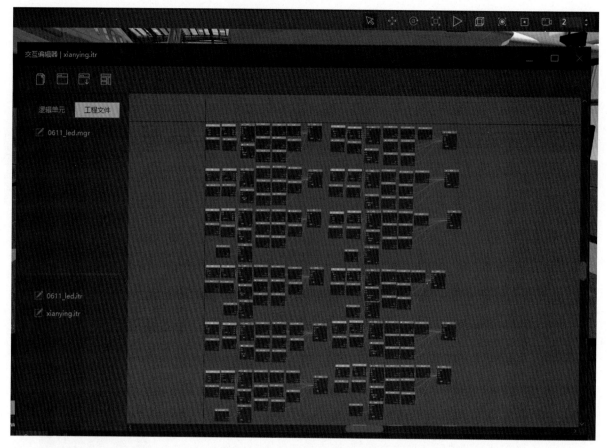

图 7-44　交互文件编辑整体预览

7.3　练习

（1）打开一个模拟商场的案例环境（不做任何操作），会有"欢迎光临"的声音提示，玻璃门会随着你的进入而向两边移开，进入内部场景后玻璃门会关闭，此时商场广播响起"（内容是几段广告音频循环播放）"，实现人物在场景中漫游。

（2）打开一个模拟工厂的案例环境（不做任何操作），出现语音提示"拾取哪件物体会显示操作面板"，面板上自行添加 button，然后手柄射线选中目标 button 就会触发相应的操作（非按钮操作），要求如下：

a.通过交互编辑器面板功能实现机械节点的颜色变换、亮度变换、纹理变换。

b.通过交互编辑器面板功能实现机械节点的显隐。

c.通过手柄替换功能近距离观察机械零部件，可归为原位，也可就此释放，且释放结束后可进行手柄拾取触发的其他功能。

d.以上两个交互在完成后可以自行设置约束功能，实现其中两个交互完成后才可以触发最后一个。

（3）任意选择一个案例文件打开，创建一系列的交互逻辑，逻辑要求如下：创建一个空间触发器，通过空间触发器触发声音播放以及物体的显隐（显隐可以动画设置，也可以在交互编辑器里设置可见性），声音播放结束后还可以接着链接一个新的任务去触发视频的播放，依次链接，使人物可以在场景里面随意触发漫游。

（4）综合题。

a. 自己创建一个场景,并添加自己喜欢的模型,可以添加赛车、直升机、工业车床等。

b. 为赛车创建开关车门的动画,并给整个赛车节点创建平移的动画和另外创建的相机动画相同的路径,为直升机创建飞行动画轨迹(包含螺旋桨的旋转同步动画)并添加飞机飞行音频,为工业车床的每个机械添加旋转平移的动画直至可以完整地实现一个车床操作流程,导入介绍车床如何工作的音频。

c. 交互逻辑的要求是跟随车床语音介绍提示逐步触发车床的工作流程,触发方法要求加上所有的触发方式,如鼠标左右键、键盘按键、手柄多个按键、空间触发器。

d. 触发飞机飞行动画后,要求飞机动画可循环播放,并伴随着飞机飞行的声音,然后用手柄开赛车车门,同时触发赛车本身节点的移动以及和赛车相同运动轨迹的相机动画,使人物有很好的开车体验(注意调整相机视角的高度)。

8　IdeaVR 创世 Python 二次开发

前面介绍了通过 IdeaVR 创世提供的零编程交互编辑器能够帮助用户通过图形化拖拽的方式快速制作场景的交互逻辑。交互编辑器极大地降低了用户制作三维虚拟现实内容的门槛,然而随着计算机图形渲染技术的快速发展,虚拟现实硬件快速更新迭代,交互编辑器现有的内置交互类型已经无法满足用户日益增长的需求。在充分利用交互编辑器易用和便捷的基础上,IdeaVR 创世推出了基于 Python 脚本二次开发的功能,极大地拓宽了 IdeaVR 创世的适用场景。

8.1　Python

Python(美[ˈparθan],英[ˈparθ(ə)n])是吉多·范·罗苏姆(Guido van Rossum)在 1989 年圣诞节期间为了打发无聊的圣诞节而编写的一个编程语言。当然,这个说法充满着传奇色彩,真实故事应该是这样的:在 20 世纪 80 年代的时候,个人电脑浪潮才刚刚兴起,计算机的硬件水平还没有现在这么先进,编译器的核心任务就是做优化,使程序在当时的硬件条件下能够运行,这就要求程序员需要像计算机一样思考。吉多对此很不满,即使是像他这样熟练掌握 C 语言的人,在用 C 语言编写程序时也不得不耗费大量的时间,同时他还有另一个选择,就是 shell。shell 作为 Unix 系统的解释器已经长期存在,它可以像胶水一样将 Unix 下的许多功能链接在一起。许多 C 语言中上百行的程序,在 shell 下只需要用几行就可以完成。然而,shell 的本质是调用命令,并不是一个真正的语言,它不能全面地调动计算机的性能,所以吉多希望有一种语言可以兼具 C 语言和 shell 的优点,既能全面调用计算机的功能接口,又能轻松编程。因为吉多是电视剧《蒙提·派森的飞行马戏团》(Monty Python's Flying Circus)的忠实粉丝,所以就给这种语言取名 Python。Python 就这样应运而生了。

最初的 Python 完全由吉多本人开发,然而此后他的同事们迅速爱上了这门新语言并不断反馈使用意见,还参与到 Python 的改进中。于是,吉多和一些同事构成了 Python 的核心团队,他们将自己大部分的业余时间用于 Python(也包括工作时间,因为他们将 Python 用于工作)。随后,Python 拓展到 CWI 之外。Python 将许多机器层面上的细节隐藏,交给编译器处理,凸显出逻辑层面的编程思考。Python 程序员可以花更多的时间用于思考程序的逻辑,而不是具体的实现细节。这一特征吸引了广大的程序员,Python 开始迅速流行起来。此外,还有两个外界因素使得 Python 得到了迅速发展:一是硬件性能的提高；二是 20 世纪 90 年代初个人计算机开始进入普通家庭，程序员们开始关注计算机和语言的易用性，如图形化的操作界面。

目前，Python 的主版本有 Python2 和 Python3。本书选用 Python3 版本。

8.2 Python 安装配置

Python 是跨平台的，可以运行在 Windows、Mac 和 Linux/Unix 系统上。要学习 Python 编程，首先需要安装 Python 开发环境。安装后，将得到：Python 解释器，主要负责运行 Python 程序；命令行交互环境；一个简单的集成开发环境。下面将详细介绍在 Windows 操作系统上安装 Python3 的步骤。

首先，根据 Windows 版本(64 位或者 32 位)从 Python 官方网站下载 Python3.6 对应的安装程序(64 位或 32 位)，然后运行下载的安装包，安装界面如图 8-1 所示。

图 8-1 Python 安装界面

特别要注意，勾选"Add Python 3.6 to PATH"，将 Python 的安装路径添加至系统环境变量的好处是在任何位置打开命令行都能够运行 Python 程序。安装成功后，可以通过快捷键 Win＋R 打开命令窗口。在窗口中输入"python"后会出现两种情况。

首先，如果出现如图 8-2 所示的提示，则说明 Python 已经安装成功。出现提示符"〉〉〉"表示已经在 Python 命令行交互环境中了，可以添加 Python 代码，回车后会立刻得到执行结果。此时，输入"exit()"并回车，就可以退出 Python 命令行交互环境。当然，直接关掉命令行窗口也可以退出。

图 8-2　Python 运行窗口

如果控制台上出现"' python '不是内部或外部命令，也不是可运行的程序或批处理文件。"这是因为 Windows 系统会根据一个 Path 的环境变量设定的路径去查找 python. exe，未找到就会报错。如果在安装时没有勾选"Add Python 3.6 to PATH"，那就要手动把 python. exe 所在的路径添加到 Path 中，或者每次运行 python. exe 时都要在 Python3 安装文件夹下打开 cmd，再执行命令，如图 8-3 所示。

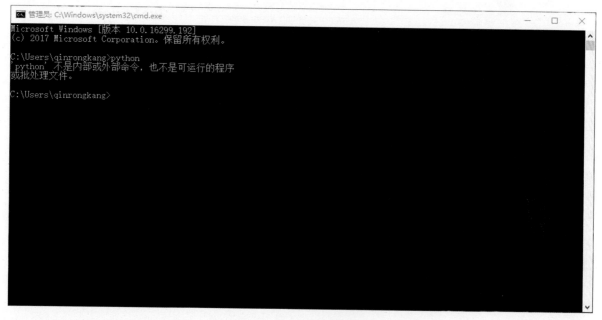

图 8-3　再次运行安装程序

在 Python 的交互式命令行编写程序，优点是执行命令后就能得到结果，缺点是无法保存。所以在实际开发的过程中，开发人员总是使用一个文本编辑器来编写代码，编写完成之后再保存，这样程序就可以反复运行了。Python 的可执行程序为一个格式为 py 的文本文件。目前支持 Python 的文本编辑器较多，而且功能都比较丰富。本书使用的是开源的轻量级源码编辑器 Visual Studio Code。安装好文本编辑器后，输入如图 8-4 所示的代码。

图 8-4　**Visual Studio Code 编辑器**

然后保存为 helloworld.py 文件,再进入文件所在文件夹,按下 Shift 键后右击打开命令窗口,如图 8-5 所示。

图 8-5　**打开 py 格式文件**

输入"python helloworld.py",按 Enter 键就会在控制台输出"hello world!",如图 8-6 所示。

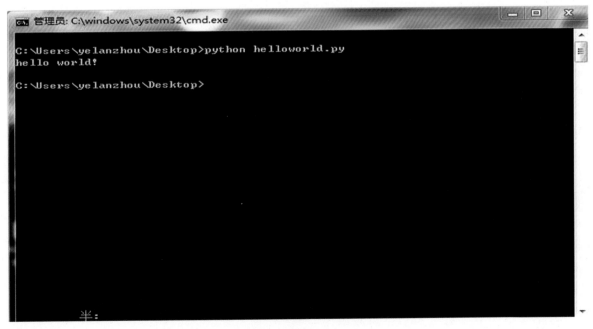

图 8-6　**试操作 Python**

8.3 Python 基础

Python 属于动态语言,区分字母大小写,代码块通过 Tab 键缩进表示(约定缩进 4 个空格,当然其他数量的空格也可行,但建议实际开发中必须保持一致,以保证代码的可读性),注释使用"♯"开头。

8.3.1 数据类型

在 Python 中,能够直接处理的数据类型有多种。

8.3.1.1 整数

Python 可以处理任意大小的整数,包括负整数,如 1、2、3……在程序中的表示方法和数学上的写法一模一样,超出一定的范围就直接表示为 inf(无限大)。

8.3.1.2 浮点数

浮点数也就是小数,如 1.2、1.4……之所以称为"浮点数",是因为按照科学计数法表示时,一个浮点数的小数点位置是可变的,表示方法和数学上的写法也是一样的。

8.3.1.3 字符串

字符串是用单引号或双引号括起来的文本内容,如' zxc '"abcd"等(需要注意的是,这里的单引号和双引号必须是英文输入法下的单引号和双引号)。双引号和单引号不是字符串的一部分,只有里面的内容是。如果要表示单引号和双引号字符串,可以使用转义字符(\)来表示。

8.3.1.4 布尔值

Python 中的布尔值用 True 和 False 表示,and 表示"与"运算,or 表示"或"运算,not 表示"非"运算。

8.3.1.5 空值

Python 中使用 None 表示一种特殊的类型,它不支持任何运算也没有任何方法。

8.3.1.6 变量

变量的概念基本上和数学中的是一致的,只是在计算机程序中,变量不仅可以是数字,还可以是任意数据类型。变量在程序中用一个变量名表示,变量名必须是大小写英文字母、数字和_的组合,且不能用数字开头,比如:

```
a＝123456          ♯ a 表示一个数字
a＝' hello python '  ♯ a 表示一个字符串
a＝True            ♯ a 表示一个布尔值
a＝None            ♯ a 表示空值 None
```

在 Python 中,"＝"是赋值操作,可以把任意数据类型赋值给变量。通常一个变量可以反复赋值,而且可以是不同类型的变量。这种变量类型不固定的语言就是动态语言,它非常灵活。注意,"＝"不是数学意义上的等号,比如:

```
a＝1
a＝a＋1
```

上面 a＝a＋1 在数学中不成立,但在程序中,赋值语句会先计算右侧的表达式,也就是 a＋1,再将结果赋值给 a,那么此时 a 的值就是 2。

在给变量赋值时,如 a＝' Hello ',Python 解释器做了两件事情:解释器首先在内存中创建一个' Hello '的字符串,然后在内存中创建一个名为 a 的变量,并且把它指向' Hello '。

8.3.1.7 列表

列表是 Python 中使用最频繁的数据类型。列表可以完成大多数集合类的数据结构实现。它支持字符、数字、字符串,甚至可以包含列表(即嵌套)。列表用[]标识,是 Python 中最通用的复合数据类型。列表中值的切割也可以用到变量[头下标:尾下标],这样就可以截取相应的列表了,从左到右索引默认从 0 开始,从右到左索引默认从－1 开始,下标可以为空,表示取到头或尾。"＋"是列表链接运算符,"＊"是重复操作运算符。示例如下:

```
list1＝[123,' hello ',True]
list2＝[' good ',2333]
print(list1)                    # [123, ' hello ', True]
print(list1[0])                 # 123
print(list1[1:3])               # [' hello ', True]
print(list1[－1])               # True
print(list1 ＊ 2)               # [123, ' hello ', True, 123, ' hello ', True]
print(list1＋list2)             # [123, ' hello ', True, ' good ', 2333]
```

8.3.1.8 元组

元组是另一种数据类型,类似于列表。元组用()标识,内部元素用逗号隔开。元组不能二次赋值,相当于只读列表。示例如下:

```
tuple1＝(123, ' hello ', True)
tuple2＝(' good ', 2333)
print(tuple1)                   # (123, ' hello ', True)
print(tuple1[0])                # 123
print(tuple1[1:3])              # (' hello ', True)
print(tuple1[－1])              # True
print(tuple1 ＊ 2)              # (123, ' hello ', True, 123, ' hello ', True)
print(tuple1＋tuple2)           # (123, ' hello ', True, ' good ', 2333)
```

8.3.1.9 集合

集合也是类似于列表的一个数据类型,特点是它的元素不能重复。集合有两种初始化方式。示例如下:

```
set1＝{1,2,2,3}                 # 第一种初始化集合方式
set2＝set()                     # 第二种初始化集合方式
print(set1)                     # {1,2,3}
print(set2)                     # set()
```

注意:因为集合会删除重复元素,所以示例中的两个"2"只保留了一个。

8.3.1.10 字典

字典是 Python 中除列表以外最灵活的内置数据结构类型。列表是有序的对象集合,字典是无序的对象集合。两者之间的区别在于:字典当中的元素是通过键来存取的,而不是通过偏移来存取的。字典用{}标识。字典由索引(key)和它对应的值(value)组成。示例如下:

```
dict1={}
dict1['one']='This is one'
dict1[2]='This is two'
print(dict1['one'])              # This is one
print(dict1)                     # {'one': 'This is one', 2: 'This is two'}
print(dict1.keys())              # dict_keys(['one', 2])
print(dict1.values())            # dict_values(['This is one', 'This is two'])
print(dict1.items())             # dict_items([('one', 'This is one'), (2, 'This is two')])
```

8.3.2 运算符

Python 中的运算符与数学中的运算符基本一致,只有个别有差别。示例如下:

```
a,b=4,3
print(a+b)        # 加法   7
print(a-b)        # 减法   1
print(a*b)        # 乘法   12
print(a/b)        # 除法   1.3333…
print(a//b)       # 整除   1
print(a%b)        # 取余   1
print(a**b)       # 乘方   64
print(a==b)       # 比较   False
```

注意:字符串和列表只能相加,没有其他运算,相加的结果就是把它们拼接起来。示例如下:

```
a='中国'+'上海'
b=[1,2,3]+[4,5,6]
print(a)          # 中国上海
print(b)          # [1, 2, 3, 4, 5, 6]
```

8.3.3 条件语句

计算机之所以能做很多自动化的任务,就因为它可以自己做条件判断。计算机是通过一条或多条语句的执行结果(True 或者 False)来决定执行的代码块的,可以通过图 8-7 来了解条件语句的执行过程。

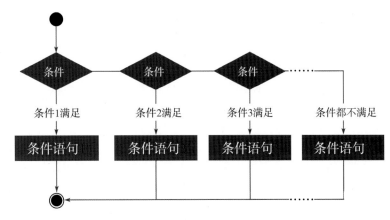

图 8-7　条件语句结构

Python 中指定任何非 0 和非空的值为 True，0 和 None 为 False。在 Python 中，if 语句用于控制程序的执行，基本形式为：

if 判断条件：

　　条件为真执行的代码块

else：

　　条件为假执行的代码块

下面的例子展示了通过 if 语句来实现不同成绩打印不同的内容：

```
score ＝90
if score ＞ 80：
    print(' A')
else：
    print(' B')
```

在上面的例子中，会输出"A"，因为 if 后面的判断条件是 True，所以会执行"print(' A')"语句，else 后面的"print(' B')"语句不会执行，只有当 if 后面的判断条件是 False 时才会执行。在有的情况下，else 语句可以省略，表示只关心条件为 True 的情况，为 False 的情况不做任何处理，就像下面这种情况：

```
score ＝90
if score ＞ 80：
    print(' A')
```

在前面的判断中，把成绩分成 A、B 档是很粗略的。如果想要更加细致的分档，可以使用 elif 来实现。给出具体的语句如下：

```
score ＝90
if score ＞ 80：
    print(' A')
elif score ＞ 70：
    print(' B')
else：
    print(' C')
```

elif 是 else if 的缩写,完全可以有多个 elif。

从以上的例子也可以看出,if 语句是从上往下判断。如果在某个判断上是 True,把判断对应的语句执行之后,就忽略剩下的 elif 和 else。最后再提一点,if 语句的判断条件可以用＞(大于)、＜(小于)、＝＝(等于)、＞＝(大于等于)、＜＝(小于等于)来表示。

8.3.4 循环语句

相信大家都听过高斯求和的故事,那么,通过 Python 语言怎么实现呢? 直接写表达式可以实现,但比较烦琐,这时候就需要用到 Python 的循环语句。通过循环语句可以让计算机计算成千上万次的重复计算。Python 语言中有两种循环:一种是 for⋯in 循环,另一种是 while 循环。

8.3.4.1 for⋯in 循环

for⋯in 循环语句结构如图 8-8 所示。

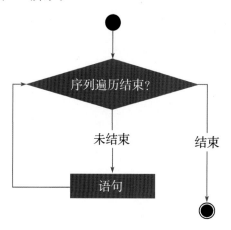

图 8-8 for⋯in 循环语句结构

依次把 list 或者 tuple 中的每个元素迭代出来。示例如下:

```
citys = ['beijing', 'shanghai', 'wuhan']
for city in citys:
    print(city)
```

执行上面的语句会依次打印 citys 中的每个元素,输出结果如下:

```
beijing
shanghai
wuhan
```

从上面的例子可以看出,for x in ⋯ 循环语句就是把每个元素代入变量 x,然后执行 for 块的语句。在这里,可以利用 Python 提供的一个函数 range 实现高斯求和。

```
sum = 0
for x in range(101):
    sum = sum + x
print(sum)        # 5050
```

在上面的例子中,range(101) 会产生一个 1 到 100 的列表。

8.3.4.2 while 循环

while 循环语句结构如图 8-9 所示。

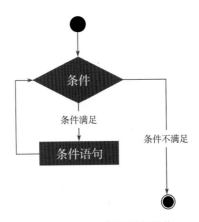

图 8-9　while 循环语句结构

只要条件满足,语句就会不断循环,只有当条件不满足时才会退出循环。使用 while 循环实现高斯求和如下:

```
sum, n = 0, 0    # 同时为 sum 和 n 赋值为 0
while n < 101:
    sum += n      # 与 sum = sum + n 等价
    n += 1
print(sum)         # 5050
```

8.3.4.3　break 和 continue 语句

在循环中,有两个很重要的语句:break 语句,表示提前退出循环;continue 语句,表示跳过当前循环。break 和 continue 语句结构如图 8-10 所示。

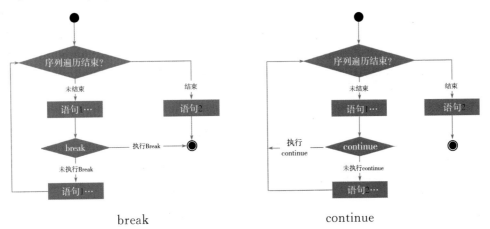

图 8-10　break 和 continue 语句结构

下面通过具体实例展示两者的区别。

```
n = 0
while n < 5:
    n += 1
    if n == 3:
        continue
    print(n)
print(' end ')
```

```
n = 0
while n < 5:
    n += 1
    if n == 3:
        break
    print(n)
print(' end ')
```

上面两段代码只有 break 和 continue 不同,输出却会有明显的不同。

1 2 3 4 5 end	1 2 end

8.3.4.4　for…else 语句

for…else 语句结构如图 8-11 所示。

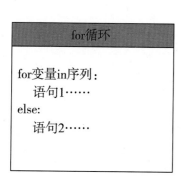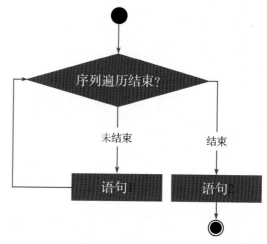

图 8-11　for…else 语句结构

for…in 语句支持 else。如果是由于序列遍历结束而退出循环,则会执行 else 语句。

8.3.4.5　while…else 语句

while…else 语句结构如图 8-12 所示。

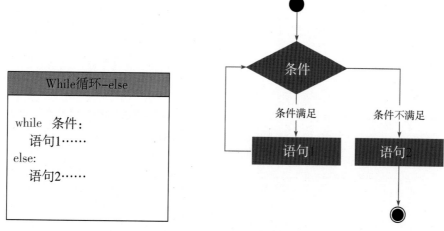

图 8-12　while…else 语句结构

while 语句支持 else。如果是由于条件不满足而退出循环,则会执行 else 语句。

8.3.5　函数

函数是组织好的、可重复使用的、用来实现单一或相关联功能的代码段。函数能提高应用的模块性和代码的重复利用率。

Python 提供了许多内建函数以方便用户快速调用,如 print(),但用户也可以自己创建函数,即自定义函数。

定义一个函数的规则如下:

(1)函数代码块以 def 关键词开头,后接函数标识符名称和圆括号()。

(2)任何传入参数和自变量必须放在圆括号中间。圆括号之间可以用于定义参数。

(3)函数的第一行语句可以选择性地使用文档字符串,用于存放函数说明。

(4)函数内容以冒号起始,并且缩进。

(5)return 结束函数,选择性地返回一个值给调用方。不带表达式的 return 相当于返回 None。

定义一个简单的 Python 函数,它的作用是把传入的参数打印到屏幕上。

```
def fun(str):
    print(str)
```

8.3.5.1 函数调用

定义一个函数只是给了函数一个名称,指定了函数里包含的参数和代码块结构。这个函数的基本结构完成后,可以通过另一个函数调用执行,也可以直接用 Python 提示符执行。

如下实例就调用了前面定义的 fun 函数。

```
fun(' hello world ')        ♯ hello world
fun(123456)          ♯ 123456
```

8.3.5.2 参数传递

• 参数类型,分为值传递与引用传递,区别如表 8-1 所示。

表 8-1 值传递与引用传递的区别

项目	值传递	引用传递
数据类型	string / tuple / number	list / dict / set / …
解释	类似 C++ 的值传递,如整数、字符串、元组。如 fun(a),传递的只是 a 的值,没有影响 a 对象本身。比如在 fun(a)内部修改 a 的值,只是修改另一个复制的对象,不会影响 a 本身	类似 C++ 的引用传递,如列表、字典。如 fun(la),则是将 la 真正地传过去,修改后 fun 外部的 la 也会受影响

• 必备参数,须以正确的顺序传入函数,调用时的数量必须和声明时的一样。

```
def fun(str):
    print(str)
fun()      ♯ 调用函数,需要传入一个参数

Traceback (most recent call last):
    File"d:/demo.py", line 4, in <module>
        fun()
TypeError: fun() missing 1 required positional argument:' str'
```

• 关键字参数和函数调用关系紧密,函数调用使用关键字参数来确定传入的参数值。使用关键字参数允许函数调用时参数的顺序与声明时不一致,因为 Python 解释器能够用参数名匹配参数值。

```
def fun(str):
    print(str)


fun(str = 'hello') # 使用 str 指定传入参数的位置
```

- 默认参数。调用函数时,默认参数的值如果没有传入,则被认为是默认值。

```
def fun(str = 'hello'):
    print(str)


fun() # hello
```

- 不定长参数。使用 *args 方式申明的参数列表,可传入任意数量的参数,在函数中将会以元组形式接收。

```
def fun( * str):
    for s in str:
            print(s)


fun('hello', 'world', 23333)
```

执行结果:

```
hello
world
23333
```

8.3.5.3 匿名函数

Python 使用 lambda 来创建匿名函数。

(1)lambda 只是一个表达式,函数体比 def 简单。

(2)lambda 的主体是一个表达式,而不是一个代码块。仅仅能在 lambda 表达式中封装有限的逻辑进去。

(3)lambda 函数拥有自己的命名空间,且不能访问自有参数列表之外或全局命名空间里的参数。

(4)虽然 lambda 函数看起来只能写一行,却不等同于 C 语言或 C++的内联函数,后者的目的是调用小函数时不占用栈内存从而增加运行效率。

```
sum = lambda arg1, arg2: arg1 + arg2
print('10 + 20', '=', sum( 10, 20 ))
```

执行结果:

```
10 + 20 = 30
```

return 语句退出函数,选择性地向调用方返回一个表达式。不带参数值的 return 语句返回 None。

```
def add(a,b):
    return a + b
print(add(10,20))    # 30
```

8.3.6 面向对象

Python 从设计之初就已经是一门面向对象的语言了,正因如此,在 Python 中创建一个类和对象是很容易的。

如果你以前没有接触过面向对象的编程语言,那么你可能需要先了解一些面向对象语言的基本特征,在头脑里形成一个基本的面向对象的概念,这有助你更容易地学习 Python 的面向对象编程。

8.3.6.1 术语

• 类(Class):用来描述具有相同的属性和方法的对象的集合。它定义了该集合中每个对象所共有的属性和方法。对象是类的实例。

• 类变量:定义在类中且在函数体之外,分为公有变量和私有变量两种类型。在写法上,私有变量前有两个下划线,如:__ private_var。

• 类函数:就是定义在类内部的函数,和普通函数相似,至少有一个参数,且第一个参数永远代表当前对象。类函数也有公有与私有之分。在写法上,私有类函数前有两个下划线,如:__ private_fun()。类函数包含的变量类型如表 8-2 所示。

表 8-2 变量类型

项目	公有变量	私有变量	公有成员函数	私有成员函数
类内部访问	√	√	√	√
类实例访问	√		√	
子类内部访问	√		√	

• 方法重写:如果从父类继承的方法不能满足子类的需求,可以对其进行改写,这个过程叫"方法的覆盖"(override),也称为"方法的重写"。

• 局部变量:定义在方法中的变量,只作用于当前实例的类。

• 继承:一个派生类(derived class)继承基类(base class)的字段和方法。继承也允许把一个派生类的对象作为一个基类对象来对待。如这样一个设计:一个 Dog 类型的对象派生自 Animal 类,这是模拟"是一个(is—a)"关系。

• 实例化:创建一个类的实例,即类的具体对象。

• 对象:通过类定义的数据结构实例。对象包括两个数据成员(类变量和实例变量)和方法。

8.3.6.2 初识类

使用 class 关键字定义一个类,class 之后为类的名称并以冒号结尾。

```
class Person:   # Person 为类名
    statement   # 类体
```

类的帮助信息可以通过 ClassName.__ doc __查看,statement 由类成员、方法、数据属性组成。以下是一个简单的 Python 类例子。

```
class Person：
    name = ""    # 公开变量

    def __ init __(self，name)：  # 构造函数
        self. name = name
    def speak(self)：
        print('我是'，self. name)
```

- __init __为类的构造函数，当实例化一个类时，会自动执行此函数。
- name 是类变量，在类内部通过 self. name 来引用，在类外部通过对象. name 来引用。
- speak 是类函数，在类内部通过 self. speak() 来引用，在类外部通过对象. speak() 来引用。self 代表类的实例，self 在定义类方法时是必需的。在调用时，系统会自动传入当前类实例为第一个参数。

8.3.6.3 创建类实例

创建类实例，即实例化类。实例化类在其他编程语言中一般使用关键字 new，但在 Python 中没有这个关键字。类的实例化类似函数的调用方式。

以下对类 Person 进行实例化，产生对象 person，通过__ init __方法接收参数。

```
person1 = Person('小白')
person2 = Person('小红')
```

访问类属性：你可以使用 . 来访问对象的属性。

```
var = person. name
person. speak()
```

- 通过 person. name 访问类属性 name。
- 通过 person. speak()访问类函数 speak。

Python 内置类属性：

- __ dict __ ：类的属性（包含一个字典，由类的数据属性组成）。
- __ doc __ ：类的文档字符串。
- __ name __：类名。
- __ module __：类定义所在的模块（类的全名是'__ main __. className '，如果类位于一个导入模块 mymod 中，那么 className. __ module __ 等于 mymod）。
- __ bases __ ：类的所有父类构成元素（包含了一个由所有父类组成的元组）。

内置类属性通过"名. 内置类属性"的方式来访问，例如：

```
print("Person. __ name __"，Person. __ name __)
print("Person. __ dict __"，Person. __ dict __)
```

8.3.6.4 类的继承

面向对象的编程带来的主要好处之一是代码的重用。实现这种重用的方法之一是通过继承机制。

通过继承创建的新类称为"子类"或"派生类"，被继承的类称为"基类""父类"或"超类"。

继承语法：

```
class 派生类名(基类名)：
    ...
```

Python 中继承的一些特点:

第一,如果在子类中需要父类的构造方法,就需要显示调用父类的构造方法,或者不重写父类的构造方法(详细说明可查看 Python 子类继承父类构造函数说明)。

第二,在调用基类的方法时,需要加上基类的类名前缀,且需要带上 self 参数变量。区别在于类中调用普通函数时并不需要带上 self 参数。

第三,Python 总是首先查找对应类型的方法,如果它不能在派生类中找到对应的方法,才开始到基类中逐个查找(先在本类中查找调用的方法,找不到才去基类中找)。

如果在继承元组中列了一个以上的类,那么它就被称作"多重继承"。

多继承语法:

```
class 派生类名 (基类 1〔,基类 2,…〕):
    …
```

8.3.6.5　类方法重写

如果父类方法的功能不能满足需求,用户可以在子类重写父类的方法。

示例代码:

```
class Person:
    name = ""    ♯ 公开变量
    def __init__(self, name):    ♯ 构造函数
        self.name = name
    def speak(self):             ♯ 空实现
        print('我是', self.name)
♯子类
class Boy(Person):
    def speak(self):        ♯ 方法重写
        print('我是男生', self.name)
♯子类
class Girl(Person):
    def speak(self):        ♯ 方法重写
        print('我是女生', self.name)
♯实例化 —> 实例
boy = Boy('小白', 25)
boy.speak()
girl = Girl('小红', 23)
girl.speak()
```

执行结果:

```
我是男生　小白
我是女生　小红
```

8.3.6.6 类基础方法重写

下面列出了一些通用的功能,用户可以在自己的类中重写。

- __ init __ :构造函数,在生成对象时调用。
- __ del __ :析构函数,在释放对象时使用。
- __ str __ :打印对象字符串。
- __ cmp __ :比较运算。
- __ add __ :加运算。
- __ sub __ :减运算。
- __ mul __ :乘运算。
- __ truediv __ :除运算。
- __ mod __ :求余运算。
- __ pow __ :乘方。

```
class Person：
    name ="""   ♯ 公开变量


    def __ init __(self，name)：   ♯ 构造函数
        self. name = name


    def __ str __(self)：     ♯ 重写__ str __方法
        return "name： " + self.name


person = Person('小明')
print(person)
```

执行结果:

```
name:小明
```

8.4 在 IdeaVR 创世中使用 Python 脚本

8.4.1 配置脚本编辑环境

为了在 IdeaVR 中更好地编写脚本,建议使用 Visual Studio Code(以下简称为"VSCode")作为脚本的编辑工具。VScode 提供了丰富的插件、代码高亮、自动提示等功能,对编写简单的 Python 程序很方便。那么,接下来介绍 IdeaVR 如何关联 VSCode。

首先,需要安装 VSCode,可以直接从其官网下载 Windows 版安装程序,然后双击安装程序进行安装,单击"下一步",如图 8-13 所示。

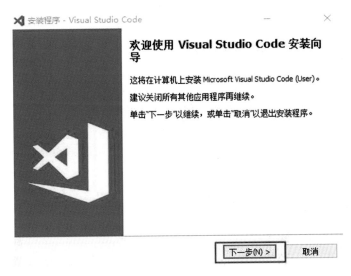

图 8-13 安装 VSCode 步骤一

勾选"我接受协议",单击"下一步",如图 8-14 所示。

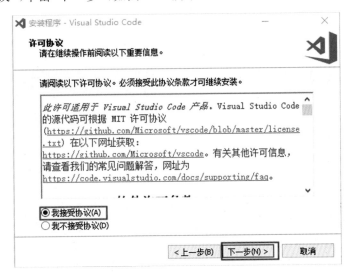

图 8-14 安装 VSCode 步骤二

选中要安装的路径,并记住这个文件夹(最好新建一个 Word 文档来保存此路径,后面会用到),然后单击"下一步",如图 8-15 所示。

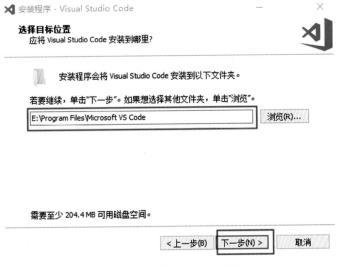

图 8-15 安装 VSCode 步骤三

单击"下一步",如图 8-16 所示。

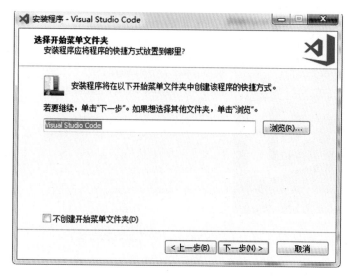

图 8-16　安装 VSCode 步骤四

勾选"创建桌面快捷方式",然后单击"下一步",如图 8-17 所示。

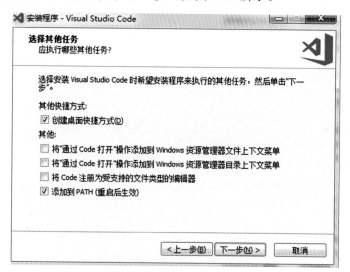

图 8-17　安装 VSCode 步骤五

单击"安装",然后等待安装完成即可,如图 8-18 所示。

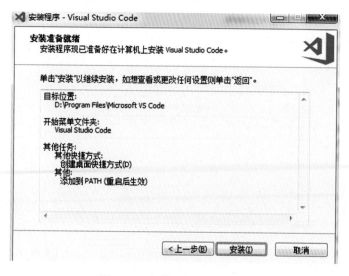

图 8-18　安装 VSCode 步骤六

安装完成后,打开 VSCode,找到左边工具栏,单击红色圈起来的按钮,然后会出现如图 8-19 所示界面。

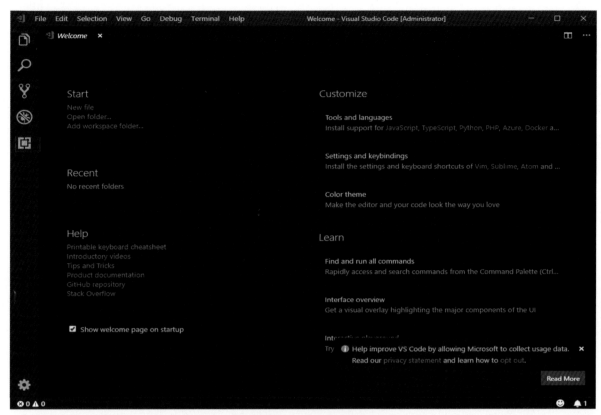

图 8-19　VSCode 界面

在搜索框中输入"python",如图 8-20 所示。

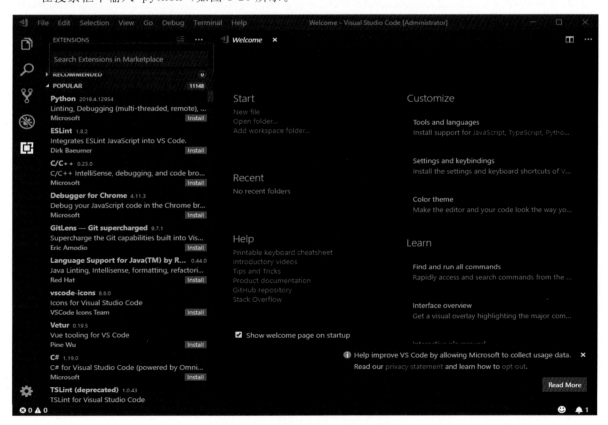

图 8-20　搜索 Python 安装程序

如图 8-21 所示,单击"Install",这个是 VSCode 的一个插件,让编写 Python 更加容易(本书主要用到代码提示功能)。到此为止,就安装好了 VSCode,接下来需要将编辑器关联至 IdeaVR。

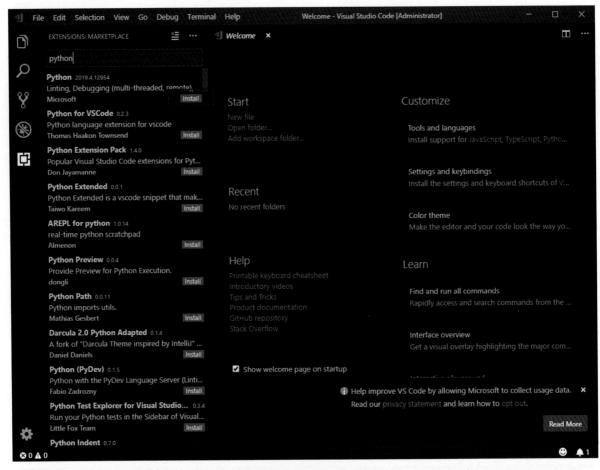

图 8-21 安装 Python

首先启动 IdeaVR,单击"菜单"→"工具"→"设置"→"脚本设置",如图 8-22 所示。

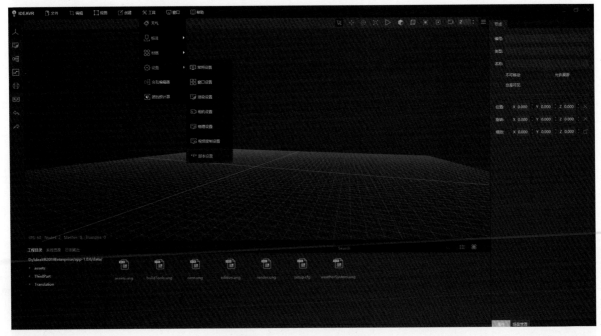

图 8-22 IdeaVR 脚本设置

弹出如图 8-23 所示的设置框。

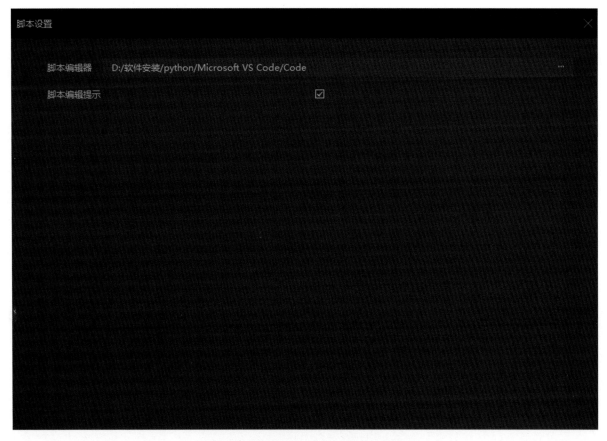

图 8-23　设置 IdeaVR 与 VSCode 的关联

单击后面的"…"会弹出一个对话框,将前面保存的 VSCode 安装路径复制到如图 8-24 所示的位置,然后选择 Code. exe 这个文件,单击"保存"。

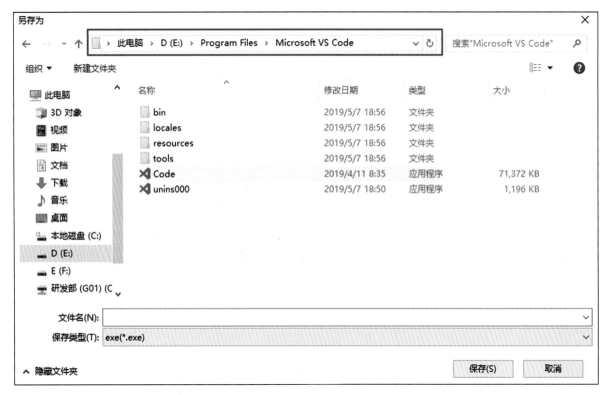

图 8-24　查询 VSCode 安装路径

弹出如图 8-25 所示的界面。

图 8-25　修改 VSCode 安装路径界面

这就表示设置成功了，下面还有一个脚本编辑提示的选项，建议勾选。这个功能在调用 API 的时候会提供提示功能，非常方便。

至此，需要的脚本编辑环境就安装好了，可以来编写 Python 脚本了。

8.4.2　使用脚本

（1）Python 脚本是结合交互编辑器使用的，在默认场景下不支持创建 Python 脚本，如图 8-26 所示。

图 8-26　默认场景不支持 Python 脚本

在一个场景中打开交互编辑器，界面的左下角是与 Python 脚本相关的 UI，可以直接拖入交互编辑器界面，如图 8-27 所示。

图 8-27 打开 Python 脚本

（2）拖入节点之后会有创建脚本的提示，需要输入脚本文件的名称，文件命名规则与 Python 类命名规则一样，存储路径要求为全英文字母，然后单击"保存"就可以创建脚本了，如图 8-28 所示。

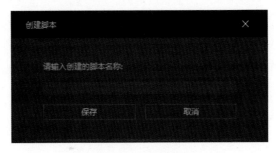

图 8-28 创建脚本

（3）脚本单元创建完成之后，就可以双击 Python 图标进行编辑了。如果是绑定节点类型的单元，编辑好脚本之后和节点相连，就可以通过脚本控制节点了。在 IdeaVR 中，关于 Python 有三大图形。第一个绑定节点类型如图 8-29 所示，默认的模板是支持链接的节点绕 Z 轴旋转。

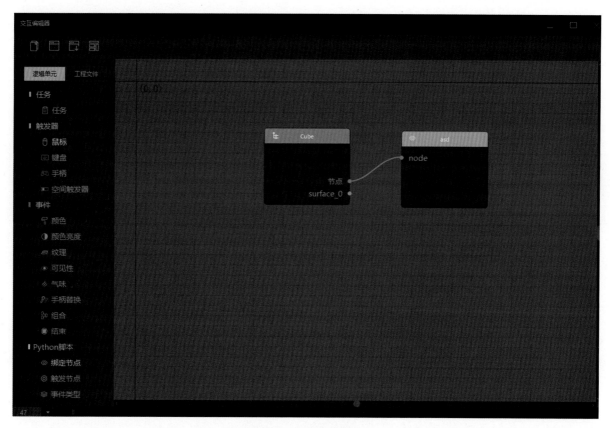

图 8-29 绑定节点类型

如果是触发节点类型，链接如图 8-30 所示，可以通过在脚本中设定一些命令，以控制它链接的一些图形。如图所示是通过 trigger 激活可见性节点，默认的模板是响应单击事件。

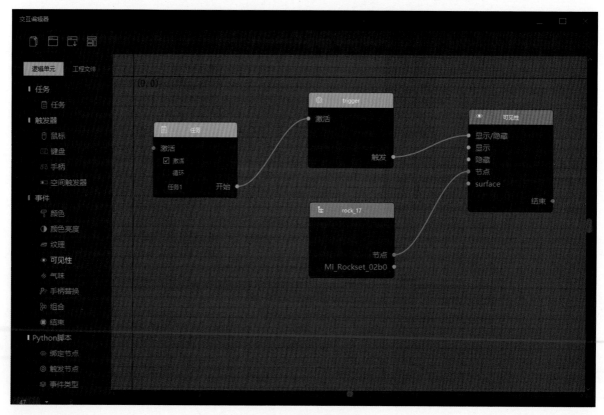

图 8-30 触发节点类型

如果是事件节点类型,链接如图 8-31 所示,可以通过和触发器节点相连控制另一端链接的节点。如图所示就是通过键盘触发相连的节点隐藏。

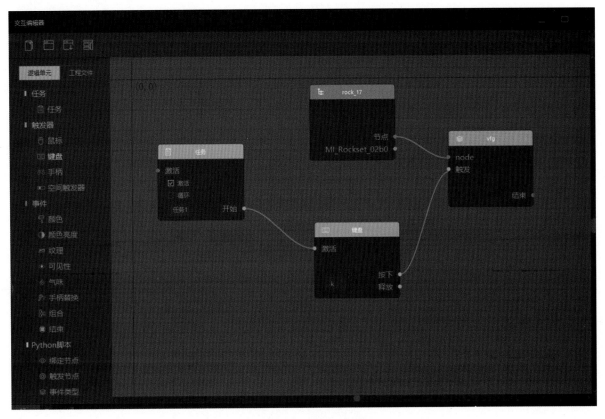

图 8-31　事件节点类型

绑定节点的思想有点类似 Unity3D 软件的绑定脚本,但它是一个独立的逻辑模块,只要它出现在交互编辑器中,就意味着即使没有链接任何别的图形,它也能够独立运行。使用绑定节点来做一些逻辑和流程上的交互会更加的简单。

触发脚本和事件脚本主要是为了能与交互编辑器其他的图形相互配合,比较适合用于支持一些旧项目的交互编辑器逻辑。

(4)脚本内置函数的说明:

__init__ 脚本的构造函数,每次进入创建脚本图形或保存脚本时都会执行。OnGUI 拖入脚本的时候函数会运行,用于设定脚本的图形样式,仅会在 Editor 端执行(注意:不要把逻辑写在这个函数中)。

Star 运行模式单击的时候只运行一次,执行在 __init__ 之后。

Update 运行模式下,每帧都会运行。

OnDestroy 运行模式结束会执行,主要用于资源析构。

这些函数可以灵活组合,设计出自己想要的功能。图 8-32 是脚本程序的流程图。

图 8-32　脚本程序流程

（5）除了可以从交互编辑器面板拖入脚本，还可以从资源面板的 Python 文件夹下拖入脚本进行编辑、删除。如果拖入脚本没有相应的节点，可以通过日志查看错误的原因，如图 8-33 所示。

图 8-33　资源面板中的 Python 文件夹

8.4.3　案例讲解

通过前面的介绍,相信大家对 IdeaVR 的脚本功能已经有了一个大致的了解,下面就通过几个案例来展开详细讲解。

8.4.3.1　绑定节点

绑定节点就是通过脚本控制场景中的节点。首先需要在场景的交互编辑器中拖入绑定节点,然后拖入想要控制的节点。双击脚本图标后,可以通过绑定的文本编辑器打开代码。现在来分析一下代码,如图 8-34 所示。

```python
import IVREngine


class teachBindNode:
    def __init__(self):
        self.node = None
        IVREngine.setType(IVREngine.ITR_NODE_TYPE.BIND_NODE)

    def OnGUI(self):
        IVREngine.addSocket(IVREngine.ITR_SOCKET_TYPE.NODE, True, "node")

    def Update(self):
        self.node.setRotateZ(16)
```

图 8-34　绑定节点代码

import IVREngine:这个是 IdeaVR 的库,通过这个库可以控制场景的节点、制作 UI 界面、控制动画播放。还有一些图形学的数学库,具体的内容可以查看提供的 API 文档。

class teachBindNode:表示声明了一个 teachBindNode 类,每一个脚本图标都是这个类的实例。这个类定义了三个函数。

第一个函数是 __init__(self),是这个类的构造函数,在创建或者拖入图标到交互编辑器中时,这个函数会首先执行。self.node = None 在这里声明了一个类成员变量 node,表示要控制的节点,因为还没有链接场景的节点,所以暂时赋值为 None,应为节点在其他函数体会用到,所以声明为成员变量。IVREngine.setType(IVREngine.ITR_NODE_TYPE.BIND_NODE)调用了 IdeaVR 的库,用来设置脚本图标的类型,根据字面意思可以看出这里设置了绑定节点的类型,参数是一个枚举类型。

第二个函数是 OnGUI(self),主要是设定该脚本图形的端口节点和图形 UI。在这个例子中,该函数调用 IVREngine 库中的 addSocket 方法,创建了一个 ITR_SOCKET_TYPE.NODE 类型的socket,通过这个 socket 可以和场景中的节点链接起来。参数 True 表示添加的 socket 在节点的坐标,如果是 False 表示在节点的右边。字符串"node"表示成员变量 self.node 的变量名,这两个要一样才能实现通信。

第三个函数是 Update 函数,是每一帧都会调用的,函数体 self.node.setRotateZ(16)表示对链接的节点每一帧都会旋转 16 度。

生成的节点如图 8-35 所示,生成了一个 ITR_SOCKET_TYPE.NODE 类型的 socket,并且在图形的左边显示了 Python 变量名 node,在 OnGUI 中可以增加多个 socket。只要按照相同的步骤,可以链接想要被控制的节点,如图 8-36 所示。

图 8-35   绑定节点模块

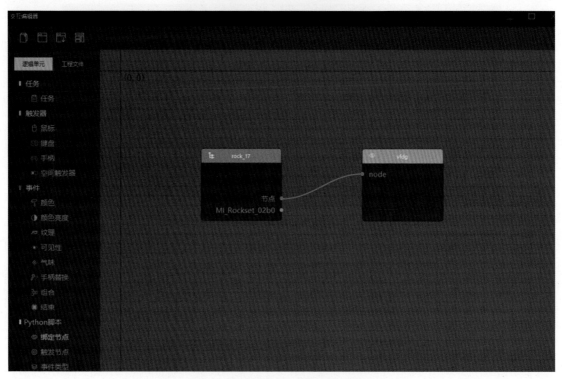

图 8-36   节点链接

然后启动运行模式"$\qquad$"，就可以实现节点的旋转了。

8.4.3.2   触发节点

触发节点可以通过在脚本中设定一些命令，控制它链接的一些图形。

触发节点的 Python 代码如图 8-37 所示。

```python
import IVREngine

class trigger:
    def __init__(self):
        IVREngine.setType(IVREngine.ITR_NODE_TYPE.TRIGGER)

    def Update(self):
        if IVREngine.getMouseButton(0):
            IVREngine.next()
```

图 8-37   触发节点代码

触发节点的设置和绑定节点类似,只是在构造函数中没有设定成员变量,并且类型节点的类型设置为 ITR_SOCKET_TYPE. TRIGGER,设定这个类型就自动增加了两个 socket(激活和触发),如图 8-38 所示。

图 8-38　触发节点模块

在 UpDate 函数中,通过一个 if 语句判定鼠标左键是否被按下(每一帧都会检测),按下了就会执行触发 socket 链接的交互编辑器节点。图 8-39 的链接就表示会触发节点隐藏/显示那个事件。在代码中,当执行到 IVREngine. next()后,就会执行该触发链接的下一个事件图形。

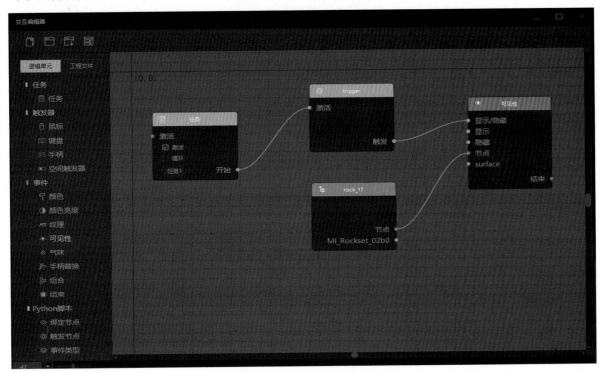

图 8-39　触发节点交互设计

8.4.3.3　事件类型

事件类型可以通过和触发器节点相连控制另一端链接的节点,图 8-40 是脚本代码。

```python
import IVREngine

class event:
    def __init__(self):
        self.node = None
        IVREngine.setType(IVREngine.ITR_NODE_TYPE.EVENT)

    def OnGUI(self):
        IVREngine.addSocket(IVREngine.ITR_SOCKET_TYPE.NODE, True, 'node')

    def Update(self):
        self.node.setEnabled(0)
```

图 8-40　事件类型代码

同样地,只是设置的节点类型不同,类型设置成 ITR_SOCKET_TYPE. EVENT,也会生成特定的 socket。注意:node socket 是通过 addSocket 设定的,如图 8-41 所示。

图 8-41　事件类型模块

上一节中的链接线就是通过键盘触发相连的节点隐藏的,大家可以试试。

这些案例都没有讲解 Start 函数和 OnDestroy 函数。Start 函数主要是一些资源的初始化,OnDestroy 函数主要是一些资源的释放。

8.4.4　三维世界的平移、旋转、缩放

要想通过 Python 脚本按照自己的意愿控制物体的移动,需要了解一些基础的线性代数的知识。

在三维世界中,每一个物体都有一个自己的位置信息,这个位置信息包括平移、旋转、缩放信息。每一个位置信息都是由一个 4×4 的矩阵表示的。

$$\begin{bmatrix} 2 & 0 & 0 & 1 \\ 0 & 2 & 0 & 2 \\ 0 & 0 & 2 & 3 \\ 0 & 0 & 0 & 1 \end{bmatrix}$$

对应地,平移、旋转、缩放也都是由一个 4×4 的矩阵表示的。

位移矩阵:

$$\begin{bmatrix} 1 & 0 & 0 & T_x \\ 0 & 1 & 0 & T_y \\ 0 & 0 & 1 & T_z \\ 0 & 0 & 0 & 1 \end{bmatrix}$$

旋转矩阵:

$$\begin{bmatrix} \cos\theta+R_x^2(1-\cos\theta) & R_xR_y(1-\cos\theta)-R_z\sin\theta & R_xR_z(1-\cos\theta)+R_y\sin\theta & 0 \\ R_yR_x(1-\cos\theta)+R_z\sin\theta & \cos\theta+R_y^2(1-\cos\theta) & R_yR_z(1-\cos\theta)-R_x\sin\theta & 0 \\ R_zR_x(1-\cos\theta)-R_y\sin\theta & R_zR_y(1-\cos\theta)+R_x\sin\theta & \cos\theta+R_z^2(1-\sin\theta) & 0 \\ 0 & 0 & 0 & 1 \end{bmatrix}$$

缩放矩阵:

$$\begin{bmatrix} 2 & 0 & 0 & 0 \\ 0 & 2 & 0 & 0 \\ 0 & 0 & 2 & 0 \\ 0 & 0 & 0 & 1 \end{bmatrix}$$

这里有两个关键概念:平移、旋转、缩放各自为一个矩阵,同时可以组成一个矩阵;矩阵相乘顺序为自身矩阵×缩放矩阵×旋转矩阵×位移矩阵。

根据第二个概念,如果想要对一个物体同时进行旋转和平移,需要用自身的位置信息(即矩阵)去乘新的旋转矩阵和位移矩阵。

由图 8-42 可知,getWorldTransform 是获取节点自身的矩阵,里面包含了节点的位置、旋转、缩放信息,要基于自身进行旋转和位移时需要在此基础上乘以一个旋转矩阵和一个位移矩阵。在这里,rotateX(30)返回一个旋转矩阵,translate(0.1,0,0)返回一个位移矩阵。当按下字母键 T 时,该节点就会一边旋转一边位移了。

```
def Update(self):
    if IVREngine.getKey("t"):
        self.node.setWorldTransform(self.node.getWorldTransform()  ← 自身矩阵
            旋转 →  * IVREngine.rotateX(30)
            位移 →  * IVREngine.translate(0.1, 0, 0))
```

图 8-42 三维世界物体变化代码

8.5 Python 实战

通过对前面的学习,相信大家对 IdeaVR 的脚本模块和 Python 已经有了初步的了解,接下来将综合所学的知识,通过几个简单的案例来帮助大家理解 IdeaVR 的脚本模块。

8.5.1 登录界面案例

先来看下效果图,图 8-43 展示的是一个 UI 登录界面,用户可以在用户名栏和密码栏输入用户名和密码。后台会判断输入的用户名和密码是否正确,正确的话可以登入该 VR 系统,错误的话会提示用户名和密码错误,需要重新输入用户名和密码。

图 8-43 UI 登录界面

该界面主要分为三个部分:登录界面的背景,主要用 WidgetSpirte 来完成;登录的用户名和密码输入框,主要用 WidgetEditLine 来接受用户的输入;登录按钮。

现在正式开始制作登录界面。首先创建一个脚本,直接从交互编辑器左边的逻辑单元拖入一个绑定节点类型的脚本单元到交互编辑器中,名称命名为 Login,然后双击 Login 图标开始编写脚本程序。由于登录界面不需要绑定任何节点,所以可以把 OnGUI 函数去掉,增加 Start 函数(主要用来初始化 UI 界面)和 OnDestroy 函数(主要用来释放相关的资源)。具体的代码如图 8-44 所示。

```
import IVREngine


class Login:
    def __init__(self):
        self.node = None
        IVREngine.setType(IVREngine.ITR_NODE_TYPE.BIND_NODE)

    #主要用来初始化UI界面
    def Start(self):

    #用来更新界面
    def Update(self):

    #用来释放相应的资源
    def def OnDestroy(self):
```

图 8-44　代码编辑步骤一

现在来初始化 UI 界面。在制作界面背景的时候,需要知道渲染窗口的大小,从而根据渲染窗口的大小设置 UI 背景的大小。图 8-45 中的代码就是获取渲染窗口的宽度和高度。

```
def Start(self):

    #获取渲染窗口的宽度和高度来设置背景的大小
    self.width = IVREngine.getWidth()
    self.height = IVREngine.getHeight()
```

图 8-45　代码编辑步骤二

有了窗口的宽度和高度,就可以创建登录界面的背景了。在创建之前,需要了解下 IVREngine. engineGUI()这个接口。为了能让创建的 UI 显示在渲染窗口上,需要将对应的控件作为 IVREngine. engineGUI()的子孙节点。所以在创建 UI 之前,需获取 engineGUI。图 8-46 中的第二行代码就是获取 engineGUI,上面的第一行代码是获取工程场景的路径,主要用来搜索制作 UI 的一些图片资源。

```
#获取工程路径
self.fileDir  = IVREngine.getProjectPath()
#获取全局GUI, 要显示的控件必须作为其子孙节点。
self.gui = IVREngine.engineGui()
```

图 8-46　代码编辑步骤三

现在可以制作登录界面的背景了。图 8-47 中的代码主要是新建了一个 WidgetSprite 对象,并且根据渲染窗口的宽度和高度来设置其对应的宽度和高度。最后是设置背景的图片,保存在场景中的 Python 文件夹下。

```
#UI背景主要用WidgetSprite来实现
self.backGround = IVREngine.WidgetSprite(self.gui)
self.backGround.setWidth(self.width)
self.backGround.setHeight(self.height)
self.backGround.setTexture( self.fileDir + '/python/ok.jpg')
```

图 8-47　代码编辑步骤四

背景创建好了,接下来就需要构建登录界面的用户名输入框了。用户名输入框需要接受用户的输入,IVREngine 中的 WidgetEditLine 可以实现这个功能。由于 WidgetEditLine 自带的背景有点简单,所以还需要自己制作一个背景,作为输入框的背景。同样地,背景用 WidgetSprite 来制作。为了能把输入框和背景融合在一起,还需要用到 WidgetHBox。这个就是横向布局,相当于一行,对应的还有纵向布局,相当于一列,对应的控件是 WidgetVBox。在此使用的就是 WidgetHBox,如图 8-48 所示。

```
#用户名输入框控件
self.inputUsername= IVREngine.WidgetEditLine(self.gui, 'username')
self.inputUsername.setCallback(IVREngine.CALLBACK.CLICKED,IVREngine.createWidgetCallback(self.usrNameCallback))
self.inputUsername.setFontSize(35)
self.inputUsername.setWidth(295)
self.inputUsername.setBackground(0)
self.inputUsername.setFontColor(IVREngine.vec4(220,220,220,220))

#用户名输入框背景
self.userNameParent = IVREngine.WidgetSprite(self.gui)
self.userNameParent.setTexture(self.fileDir + '/python/password.png')

# 用户输入框布局。
self.usernameLayout = IVREngine.WidgetHBox(self.gui)
self.usernameLayout.addChild(self.userNameParent,IVREngine.ALIGN.ALIGN_BACKGROUND | IVREngine.ALIGN.ALIGN_LEFT)
self.usernameLayout.addChild(self.inputUsername,IVREngine.ALIGN.ALIGN_OVERLAP | IVREngine.ALIGN.ALIGN_LEFT)
```

图 8-48　代码编辑步骤五

上面的代码就是用来设置用户名输入框的,可设置输入的字体大小(高度会自适应文字大小)、宽度、颜色等。为了设置自定义的背景,通过 setBackground 取消原来的背景,最后将背景和输入框都放置在 WidgetHbox 中。有一点需要注意,就是图 8-48 中代码的第二行,通过它设置输入框的触发函数,第一个参数表示什么时候会触发。本例中设置的是通过单击触发,后面的参数是触发之后执行的动作(函数),在设置触发动作的时候需要配合 IVREngine. createWidgetCallback()来使用。触发函数的定义如图 8-49 所示,表示在用户单击输入框的时候,原来的内容设置为空,后面一句是将提示信息设置为空。

```
#用户名输入框触发动作
def usrNameCallback(self):
    self.inputUsername.setText('')
    self.tips.setText('')
```

图 8-49　代码编辑步骤六

上面这些就是用户名输入框的 Python 实现,密码的输入框实现基本类似,只是有些地方略有差别。在输入密码的时候,触发函数可以通过 setPassword(1)开启密码格式(字符会以加密的形式显示),如图 8-50 所示。

```
#密码输入框触发函数
def passwordCallback(self):
    self.inputPassword.setPassword(1)
    self.inputPassword.setText('')
    self.tips.setText('')
```

图 8-50　代码编辑步骤七

接下来制作登录按钮,也是先制作一个按钮,然后自定义背景。登录界面是通过单击登录按钮进入 VR 场景的,在开始设置登录场景的触发函数之前,需要先获取系统的用户名和密码。在本例中是通过读取文本文件中预设的用户名和密码来实现的。图 8-51 中的这段代码就是解析文本文件,将密码保存起来。

```
#解析用户名和密码文件
fileContents = IVREngine.File().read('urename.txt')
lines = fileContents.split('\n')
self.usrPassword = {}
for line in lines:
    words = line.split()
    if(len(words) > 0):
        if words.index('usrname:') > -1 and words.index('password:') > -1:
            self.usrPassword[words[1]] = words[3]
```

图 8-51　代码编辑步骤八

有了上面的用户名和密码,就可以实现按钮的触发函数了。在用户名和密码对应上之后释放 UI 对应的资源,如果是错了则输出提示信息,如图 8-52 所示。

```
#登录的触发函数
def loginCallback(self):
    self.tips.setText('')
    usr = self.inputUsername.getText()
    if usr != None:
        if  usr in self.usrPassword.keys() and self.usrPassword[usr] == self.inputPassword.getText():
            del self.backGround
            del self.layout
            return
    self.tips.setText('用户名或密码错误!')
    self.tips.arrange()
```

图 8-52　代码编辑步骤九

在美观方面,可能还需要调节控件的间距,这里就不再细讲了,可以参考案例的代码去了解下。值得注意的是在渲染窗口变化的时候,需要相应地更新控件的大小。这个是在 Update 函数里去执行的,其实就是根据渲染窗口的变化调整背景的大小和一些间距,如图 8-53 所示。

```
def Update(self):
    if self.height != IVREngine.getHeight() or self.width != IVREngine.getWidth():
        self.height = IVREngine.getHeight()
        self.width = IVREngine.getWidth()
        if self.backGround != None:
            self.backGround.removeChild(self.backGround)
            self.backGround.setWidth(self.width)
            self.backGround.setHeight(self.height)
            self.gui.addChild(self.backGround, IVREngine.ALIGN.ALIGN_CENTER|IVREngine.ALIGN.ALIGN_BACKGROUND)
        if self.space0 != None:
            self.space0.setFontSize(int(self.height/ 4))
        if self.layout != None:
            self.gui.removeChild(self.layout)
            self.gui.addChild(self.layout,IVREngine.ALIGN.ALIGN_CENTER|IVREngine.ALIGN.ALIGN_OVERLAP)
```

图 8-53　代码编辑步骤十

以上就是登录界面案例的讲解。IdeaVR 还有很多的控件可完成复杂的功能,以满足用户对 UI 控件各种各样的要求。

8.5.2　水龙头案例

下面的案例是通过手柄来旋转场景中的水龙头,从而控制水流的大小。可以说,这是一个交互性很强的应用,但通过 IdeaVR 的脚本模块可以很轻松地实现,如图 8-54 和图 8-55 所示。

图 8-54　水龙头关闭状态

图 8-55　水龙头流水状态

同样地,首先需要从交互编辑器逻辑单元拖入绑定节点单元,如图 8-56 所示,双击相应的图标打开脚本文件进行编辑。因为该案例是通过旋转水龙头模型来使水流大小也发生相应的变化,所以需要在脚本中同时控制两个节点的状态。在 OnGUI 函数中,需要定义两个节点,如图 8-57 所示。

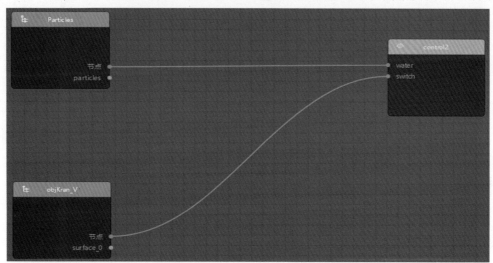

图 8-56　水龙头流水控制交互逻辑

```python
def OnGUI(self):
    IVREngine.addSocket(IVREngine.ITR_SOCKET_TYPE.NODE, True, "water")
    IVREngine.addSocket(IVREngine.ITR_SOCKET_TYPE.NODE, True, "switch")
```

图 8-57　控制代码

一个节点是 water,一个节点是 switch。在 __ init __ 函数中,需要初始化一些状态,比如旋转轴、旋转角度等,如图 8-58 所示。

```python
def __init__(self):
    self.water = None
    self.switch = None
    self.startFlag = False
    self.axis = None
    self.rotateZ = 0.0
    self.totalRotateZ = 0
    self.lastTotalRotateZ = 0.0
    IVREngine.setType(IVREngine.ITR_NODE_TYPE.BIND_NODE)
```

图 8-58　状态初始化代码

这个案例需要不断地监控手柄的状态,核心部分的代码都是在 Update 函数里面实现的,因为需要用到手柄的射线来判断手柄拾取的是否是水龙头,所以可以直接调用 IVREngine. getSelectNode-ByWand()来获取射线相交的节点,然后通过 ID 来判断是不是水龙头节点,如图 8-59 所示。

```
def Update(self):
    selectedNode = IVREngine.getSelectNodebyWand()
    if self.getDis() > 0.06:
        return
    if selectedNode == None:
        return
    if IVREngine.getMainWandButton(IVREngine.WAND_STATE.TRIGGER):
```

图 8-59　Update 函数设置

其中,self. getDis()获取手柄和水龙头节点的距离。当距离太远无法触发时,触发的条件还需要扳机键同时按下。

如果条件都满足了,就可以通过手柄的旋转角度来计算水龙头水流的大小,其中水流是通过粒子模拟的,直接根据旋转的角度控制粒子的状态就可以模拟出水流的效果,如图 8-60 所示。

```
if self.switch.getID() == selectedNode.getID():
    if self.startFlag == False:
        self.startFlag = True
        self.axis = self.getWandRotateZ()

    else:
        cross = IVREngine.cross(self.axis,self.getWandRotateZ())
        if IVREngine.dot(cross,IVREngine.vec3(0,1,0)) > 0:
            self.rotateZ = IVREngine.asin(cross.length())
        else:
            self.rotateZ = -IVREngine.asin(cross.length())
        self.lastTotalRotateZ = self.totalRotateZ
        self.totalRotateZ = self.rotateZ + self.totalRotateZ
        if self.totalRotateZ < 0:
            self.totalRotateZ = 0

        elif self.totalRotateZ > 3.13:
            self.totalRotateZ = 3.13
            #self.rotateZ = self.rotateZ - self.totalRotateZ + 1.57
        else:
            pass
        self.rotateZ = self.totalRotateZ - self.lastTotalRotateZ
        self.switch.setRotateZ(self.rotateZ * 180.0/3.142)
        self.water.setSpawnRate( -250 + self.totalRotateZ  * 1300/3.14 )
        self.axis = self.getWandRotateZ()
    else:
        self.startFlag = False
else:
    self.startFlag = False
```

图 8-60　控制水流大小的代码

以上就是通过手柄旋转来控制水流大小的案例,交互性和操作性都很强。

8.5.3　自由落体运动案例

接下来要讲的案例是用 Python 模拟物体的自由落体运动。在本案例中,通过将自由落体算法关联到 VR 场景中,就可以在场景中直观地看到物体自由落体运动的轨迹。这只是一个简单的案例,也可以通过 Python 将一些自己的算法和场景中的物体结合起来模拟更加真实的场景。

首先创建一个脚本文件，然后双击打开。因为自由落体运动与时间有关，所以在这里需要导入一个外部库 time，直接使用 import time 就可以导入了。在 __init__ 函数中需要设定物体的初始高度，还有地面的高度、重力加速度的大小，如图 8-61 所示。

```python
def __init__(self):
    self.node = None
    IVREngine.setType(IVREngine.ITR_NODE_TYPE.BIND_NODE)
    #定义地面的高度
    self.ground = 0
    #定义物体的初始高度
    self.height = 30
    #定义重力加速度
    self.g = 9.98
```

图 8-61　自由落体参数设置代码

在 Start 函数中需要获取开始的时间和设置物体的初始位置。在 Update 函数里面每一帧都会获取和初始的时间差从而计算出物体的位置，然后更新物体的位置，如图 8-62 所示。

```python
def Update(self):

    if self.pos >= 0:
        self.pos = self.height - 0.5 * self.g * (self.time - time.time()) * (self.time - time.time())
        self.node.setWorldPosition(IVREngine.vec3(0,0,self.pos))
```

图 8-62　自由落体计算代码

以上三个案例仅仅是 IdeaVR 结合 Python 制作的一些小试样。其实 IdeaVR 引入 Python 相当于给自己安上了翅膀，可以让用户在 VR 制作里自由地翱翔，可以利用 Python 强大的外部库，制作出功能更加强大的虚拟现实场景，这极大地提升了 VR 的实际应用能力和沉浸感觉。

注意：IdeaVR 虽然不需要安装 Python 模块也能开发 Python 和使用，但建议安装，因为安装了还能支持代码提示和第三方库导入。

9 IdeaVR 创世实战案例

——虚拟现实异地同步飞机大部件装配实验

9.1 C919 商用飞机

C919 大型客机，全称 COMAC C919，是中国首款按照最新国际适航标准，具有自主知识产权的干线民用飞机，由中国商用飞机有限责任公司于 2008 年开始研制。C 是英文单词 China 的首字母，也是中国商用飞机有限责任公司其英文缩写 COMAC 的首字母，第一个"9"的寓意是天长地久，"19"代表的是最大载客量为 190 座。

C919 大型客机实际总长 38 米，翼展 35.8 米，高度 12 米，基本型载客量为 168 座，标准航程为 4075 千米，最大航程为 5555 千米，经济寿命达 9 万飞行小时，于 2017 年 5 月 5 日成功首飞，外形如图 9-1 所示。

图 9-1　C919 大飞机外形

9.2 前期准备

在开始模型和贴图的制作之前，需要进行一系列的准备工作，并遵从工程的管理规范、模型的制作规范及项目内素材的命名规范。开篇就强调这一部分是为了更有条理地进行后续的工作。整个大飞机的模型元素不计其数,只有有秩序地处理它们之间的关系,才不会在后续的制作中出现问题。

在制作大型场景时,一个严格的项目管理是很有必要的一项前期准备工作,如今后的所有文件在保存时,命名规范(注意:文件夹或文件以英文或拼音命名)需有一个统一的标准,以免造成制作上的种种问题。

9.3　模型制作规范与备份准备

9.3.1　模型制作规范

(1)在所有的模型开始制作之前,先要确认软件的系统单位。以 3ds Max 软件制作为例,在 3ds Max 主菜单栏下找到 Units Setup 命令,如图 9-2 所示。打开界面后,选择图 9-3 中标示的位置。

图 9-2　3ds Max 软件系统单位设置

图 9-3　3ds Max 软件系统单位设置面板

将图 9-4 中的选项处改为以 Centimeters(厘米)为单位,单击"OK"按钮。

图 9-4　单位设置为厘米

（2）在模型制作过程中，及时删除所有多余的面。看不见的地方不用建模，看不见的面也可以删除，以提高贴图的利用率，降低整个场景的面数，进而提高交互场景的运行速度，如 box 底面、贴着墙壁的物体的背面等。在后面的模型制作部分会对此进行详细的说明。

（3）建模时需要将所有模型转化为 Poly 可编辑多边形，此部分将会在模型制作部分进行详细的说明。

（4）模型塌陷：当项目经历过建模、贴图之后，下一步是将模型塌陷，也就是将整个模型按部分合并在一起，这一步也是为后面的烘焙工作做准备。在进行塌陷时，需要注意：对于面数过多或连体的建筑，进行塌陷时可以分塌成两三个物体；按照项目名称的要求，对每个塌陷后的元素按严格的命名规范进行命名，所有物体质心要归于中心，检查物体位置无误后锁定物体。

（5）所有模型的命名不能出现中文、重名。

（6）镜像物体的修正：在模型制作中，可能会用到镜像修改器，作用是将已有的模型以某一轴向为对称轴进行反转。

在处理完模型后，需要对镜像物体进行一定的操作和修正。

第一步：选中镜像后的物体，然后进入 Utilities 面板，也就是右侧操作面板上方的"锤子"图标""，单击"Reset XForm"按钮，再单击"Reset Selected"按钮，如图 9-5 所示。

图 9-5　镜像物体操作

第二步：进入""面板，添加"Normal"法线修改器，对模型的法线进行反转。

9.3.2　备份准备

最终确认后的 max 文件分角色模型、场景模型、道具模型带贴图存放到服务器相应的"项目名/model/char""项目名/model/scence""项目名/model/prop"文件夹中。动画文件对应地存放至 anim 文件夹中。

导出 obj、fbx 等格式文件,统一存放至 export 文件夹下的子文件夹 anim、model、porp 中。

最终递交备份的有八大文件类。

(1)原始贴图文件:存放地形和建筑在制作过程中的所有贴图。

(2)烘焙贴图文件:存放地形的最终贴图和建筑的最终烘焙贴图,为 jpg 格式的文件,同时这里面有一份转好的贴图。

(3)UV 坐标文件:存放地形和建筑烘焙前编辑的 UV 坐标。

(4)导出 fbx 文件:存放最终导出的地形和建筑的 fbx 文件。

(5)max 文件:原始模型,未做任何塌陷的有 UVW 贴图坐标的文件。

(6)烘焙前模型文件:已经塌陷完、展好 UV、调试好灯光、渲染测试过的文件。

(7)烘焙后模型文件:已经烘焙完、未做任何处理的文件。

(8)导出模型文件:处理完烘焙物体、合并完顶点、删除了一切没用物件的文件。

9.4 模型、材质、贴图的命名与规范

模型、材质、贴图的命名与规范如下:

• 建筑模型命名:B_区域名_建筑_编号,如 B_SJ_donggong_01。

• 建筑模型贴图命名:建筑模型名_编号,如 B_SJ_donggong_01_01。在这里需要注意一点,如果在模型命名时发现没有明确的区域名称,可以将中间两部分的命名合并。

• 地形模型命名:DX_区域名_编号,如 DX_SJ_01。

• 地形模型贴图命名:地形模型名_编号,如 DX_SJ_01_01。

• 道具模型命名:P_区域名_道具名_编号,如 P_SJ_rockery_01。

• 道具模型贴图命名:道具模型名_编号,如 P_SJ_rockery_01_01。

• 镂空贴图(透明贴图):要加_alp 后缀。

在命名环节需要注意以下事项:

• 模型、贴图所属大分类均以大写英文字母简写命名,至具体物体时以物体名称小写英文字母命名。

• 对于不同类型的模型贴图,其名称后加不同贴图类简写,如场景建筑模型的不同贴图命名,建筑模型名_编号_贴图性质:

Color 色彩图(默认不加),如 B_SJ_donggong_01_01;

Normal 法线图(简写为“nor”),如 B_SJ_donggong_01_01_nor;

Specular 高光图(简写为“spe”),如 B_SJ_donggong_01_01_spe;

Refection 反射图(简写为“ref”),如 B_SJ_donggong_01_01_ref;

Roughness 粗糙图(简写为“rou”),如 B_SJ_donggong_01_01_rou;

AmbientOcclusion 闭塞图,即 AO 图(简写为“occ”),如 B_SJ_donggong_01_01_occ。

9.5 制作贴图

9.5.1 贴图搜集与制作的需求分析

贴图是对实现最终效果影响最大的一项，一张好的贴图能使平淡无奇的模型生动具体。节约资源并尽量简化模型的面数更是突显了贴图的重要性，在要求贴图符合历史的同时，也需要贴图的高清晰度。具体的搜集、制作需求如下：

• 保证素材的分辨率在 2000 像素左右。虽然最终贴图的大小要求为 1024 像素，但在处理、合成贴图时，会对图片进行拉伸、变形等操作，会改变原始像素点的排列方式，即使没有改变分辨率，图片也会变得模糊。因此在寻找素材时就应该考虑到这一问题，以高分辨率的图片作为原始素材，即使在制作过程中损失一定的清晰度，也能保证最终导出分辨率为 1024 像素的图片而不会模糊。

• 保证贴图风格、图案符合真实。本案例是对 C919 大飞机场景的复原，所以图片的搜集就显得尤为必要，尽量保证每一张贴图都真实，有迹可循。

• 制作时统一使用 4096 像素的分辨率。由于原始素材的分辨率都在 2000 像素以上，为进一步减小制作过程中清晰度的衰减，将素材导入 Photoshop 后先将分辨率调整为 4096 像素。在分辨率 4096 像素下，不仅便于检查图像的细节效果，同时也为之后制作 2k 贴图的需求提供了可行条件。

9.5.2 Photoshop 贴图处理常用命令与工具

工程中的贴图处理主要使用的软件为 Photoshop。为了便于说明详细的制作流程，首先介绍 Photoshop 的基本工具操作。

主界面如图 9-6 所示。

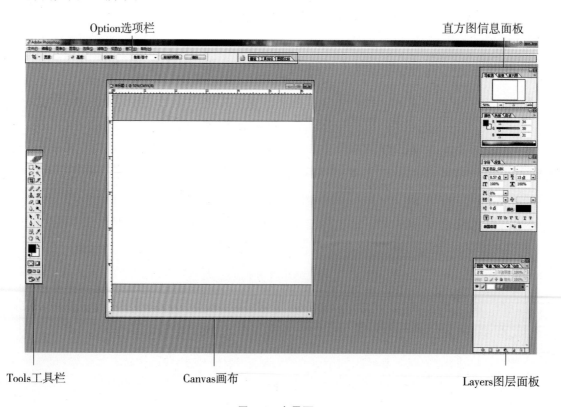

图 9-6　主界面

9.5.2.1 画布

画布为显示图像的区域,可通过一些操作调节该区域的大小。值得注意的是,画布虽然限定了图像显示区域,但并不会裁掉画布之外的图像,也就是说画布外在某些情况下也会存在图像,可以通过调整画布使其显示出来。

9.5.2.2 工具窗口

主要工具如下:

""移动工具(v)   ""减淡工具(o)

""矩形选框工具(m)   ""钢笔工具(p)

""套索工具(l)   ""横排文字工具(t)

""魔棒工具(w)   ""路径选择工具(a)

""裁剪工具(c)   ""矩形工具(u)

""切片工具(k)   ""附注工具(n)

""污点修复画笔工具(j)   ""吸管工具(i)

""画笔工具(b)   ""抓取工具(h)

""仿制图章工具(s)   ""缩放工具(z)

""历史记录画笔工具(y)   ""前景色(红)与后景色(白)

""橡皮擦工具(e)   ""将前/后景色转换为黑/白

""油漆桶工具(g)   ""互换前/后景色

""锐化工具(r)

下面重点介绍几个较为重要的工具。

移动工具:可以移动当前图层的内容。

矩形选框工具:用鼠标拖出一个矩形区域作为选区,之后的修改操作只对当前图层选区内的内容有效。建立选区后右击,可打开右键菜单。

取消选择:取消当前选区。

选择反向:将选区与非选区互换。

羽化:使边角平滑。

自由变换:使用后可对选区内图像进行放大、缩小、旋转、平移等操作,快捷键 Ctrl+T。

变换选区:对选区进行自由变换。

套索工具:完全按照鼠标拖动轨迹建立选区,若轨迹未封闭将自动连接起点与终点。

磁性套索工具:以鼠标移动轨迹为主,自动寻找轨迹附近的强对比色彩边界,以双击或单击起始点闭合并建立选区。

魔棒工具：选择单击处周围颜色相近的区域作为选区。

裁剪工具：改变整体画布大小。

吸管工具：提取图片颜色作为前景色。

污点修复画笔工具：利用样本或图案绘图，以修复图像中的污点及缺损。

仿制图章工具：按下 Alt 键并单击作为样本的位置确定样本，然后以样本进行绘制。

钢笔工具：绘制矢量曲线路径，并能随时调整，在右键菜单中可进一步调整。

建立蒙版：按路径在当前图层创建蒙版。

创建自定义形状：将路径存储为自定义形状以备使用。

建立选区：按路径创建选区。

填充路径：以前景色填充当前路径。

描边路径：以前景色对路径描边。

自由变换路径：对路径自由变换，操作与自由变换相同。

多边形工具：创建矢量多边形形状。

自定义形状工具：创建预设或保存自定义路径的矢量形状。

抓取工具：在缩放比例大于 100％时可用鼠标拖动画布，未选择此工具时也可按下空格键配合鼠标左键拖动。

缩放工具：Ctrl＋＝，按整数倍放大；Ctrl＋－，按整数倍缩小；Ctrl＋空格＋左键，放大；Alt＋空格＋左键，缩小；按下 Ctrl＋空格，拖动鼠标可放大、缩小至任意倍率。

9.5.2.3　图层窗口

一般打开图片后，Photoshop 会自动将图片作为背景锁定，单击"🔒"图标解锁当前图层，如图 9-7 所示。

图 9-7　图层设置窗口

"👁"：指示图层可见性，单击关闭后可隐藏该图层。

"🔗"：链接图层，选择多个图层后链接，可以使其相对位置不变。

"𝑓𝑥"：添加图层样式，改变当前图层的效果。

"　◎　"：添加图层蒙版，蒙版可理解为一个只有灰度一个通道的画布，对当前图层有效，效果是在白色处显示当前图层内容，黑色处遮挡内容。

"　∅　"：新建图像调整图层。

"　▢　"：新建组，将多个图层放进一个组中以便管理。

"　▣　"：新建图层。

"　🗑　"：删除图层。

在红框处右击，打开图层设置菜单，主要功能如下：

- 混合选项，和"　fx　"效果相同。

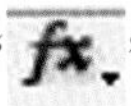

- 复制当前图层。

- 删除图层。

- 图层建立组，和"　▢　"效果相同，但会直接将选中的图层加入组。

- 栅格化图层。

- 向下合并，将当前图层与其下方图层合并。

- 合并可见图层，将未隐藏图层全部合并。

- 拼合图像，将所有图层合并。

9.5.3　3ds Max 软件以及基本操作

本次所有的模型均由 Autodesk 3ds Max 软件制作，为了后续的学习更加方便快捷，首先介绍其常用工具的位置和功能。在软件界面的最上方，为整个软件最常用的工具栏，如图 9-8 所示。

图 9-8　工具栏

在本次模型的制作中，主要会使用到以下工具：

"　✜　"Select and Move：移动工具，用于调整模型位置（快捷键 W）。

"　↻　"Select and Rotate：旋转工具，用于旋转模型角度（快捷键 E）。

"　◺　"Select and Non-uniform Scale：缩放工具，用于调整模型大小（快捷键 R）。

"　↗　"Angle Snap Toggle：角度锁定工具，用于旋转模型时控制整数角度（快捷键 A）。

"　▐＝　"Align：吸附工具，用于对齐两个物体的轴心点（快捷键 Alt＋A）。

在本次的模型制作中,主要会用到图 9-9 中所标示的几个工具中的前三项,分别为创建指令、修改指令及分层指令。

图 9-9 常用指令

在软件界面中心占据最大面积的是操作视窗界面,使用快捷键 Alt＋W 可切换视图模式(见图 9-10 和图 9-11)。所有的模型制作均在此界面上完成。

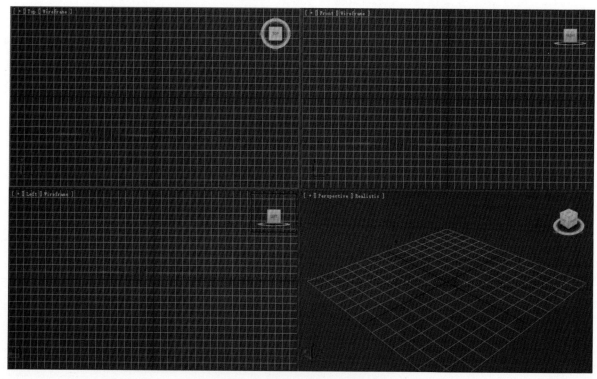

图 9-10 操作视窗界面(视图模式)

图 9-11　操作视窗界面窗口

9.6　导出和导入模型

9.6.1　导出模型的注意事项及流程

在 3ds Max 中将所有的模型元素构建完毕后,下一步就是在 IdeaVR 创世中构建场景。一般而言,可对使用相同贴图的模型进行合并操作,然后再导出 FBX 文件在 IdeaVR 创世中使用。

由于在制作和调整过程中,对模型的参数修改有可能导致导出 FBX 文件时出现未知的问题,因此需要对所有模型进行一次归零的设置。需要注意的是,这一步在制作中格外重要,切勿忽视,否则在导入 IdeaVR 创世后会出现各种各样的问题。

选中要归零的物体模型,将其全部转换成 poly 可编辑多边形,如图 9-12 所示。

图 9-12 模型导出处理

在右侧的视窗内找到"Utilities"工具,单击后找到其下的"Reset XForm"功能,选中后单击下方的"Reset Selected"按钮,如图 9-13 所示。

图 9-13 选择 Reset XForm 功能

这里因为没有动画，所以导出的时候会把 Animation 的勾选去掉，如图 9-14 所示。

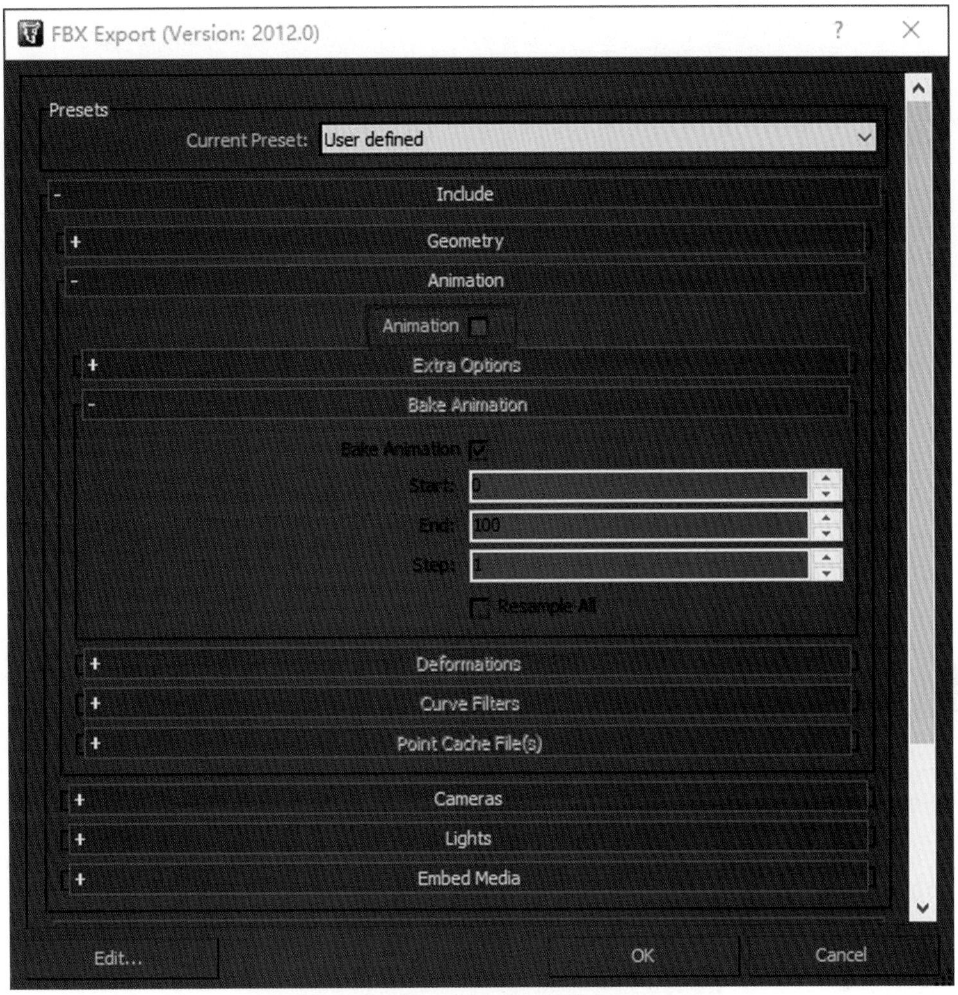

图 9-14 动画选项导出设置

至此，即可把制作好的模型作为最终模型导出。

9.6.2 导入模型至 IdeaVR 创世

进行完上述的所有操作后，可以一次性将合并后的模型或单独的建筑模型导入 IdeaVR 创世中。

操作步骤：先创建一个项目文件，然后把之前导出的文件直接拖入 IdeaVR 创世中。

9.7 制作材质球

在 3ds Max 中制作模型时，贴图部分只使用了简单的 Diffuse 贴图，但在 IdeaVR 创世中，为了使最后的成品效果更加真实，要在 IdeaVR 创世中重新调整材质球，使不同贴图呈现不同材质应有的效果和质感。

可将已有的材质 Diffuse 贴图使用外部软件如 Crazy bump 进行处理，或制作高模并使用烘焙的方法得到法线贴图，详细的参数设定可根据选择的材质样式以及前文有关软件的介绍得出。

9.7.1 飞机的材质制作

拖拽预置金属基础材质球到飞机机身上，如图 9-15 所示。

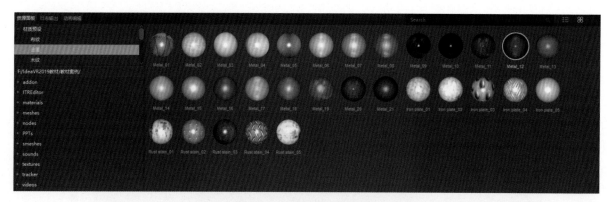

图 9-15　使用预置金属材质

双击飞机模型,在物体属性面板单击"着色"按钮,进入着色编辑面板,如图 9-16 所示。

图 9-16　着色编辑面板

在物体着色属性面板中,将提前处理好的贴图直接拖拽到漫反射贴图窗口"　漫反射贴图　　　",或者单击文件按钮"　　　"选择文件进行贴图。

在物体着色属性面板中,将提前处理好的法线贴图直接拖拽到法线贴图窗口"　法线贴图　　　",或者单击文件按钮"　　　"选择文件进行贴图。

漫反射颜色调整为白色或浅灰色,调节高光颜色以适配环境灯光氛围。调节高光的参数如图9-17 所示。

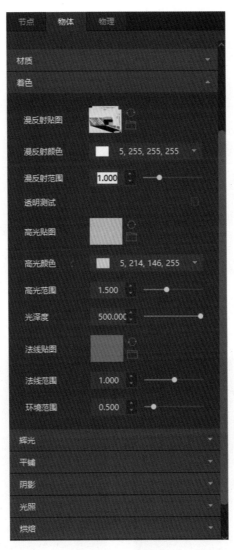

图 9-17　材数调节

9.7.2　厂房的材质制作

拖拽预置默认基础材质球到厂房模型上，如图 9-18 所示；然后以同样的方式，通过调节着色面板的属性，赋予物体漫反射贴图与法线贴图，并调节漫反射颜色与高光颜色。

图 9-18　厂房材质设置

9.7.3　其他物件的材质制作

9.7.3.1　UI 面板辉光材质

本案例的 UI 面板使用了蓝色辉光的材质，能更好地体现物体的现代科技感觉，如图 9-19 所示。

图 9-19　UI 面板辉光材质效果

制作 UI 面板时,在调节参数之前需要制作出一张漫反射贴图以及一张 Mask 贴图,如图 9-20 和图 9-21 所示。

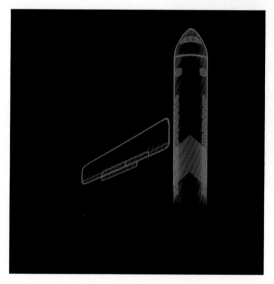

图 9-20　漫反射贴图

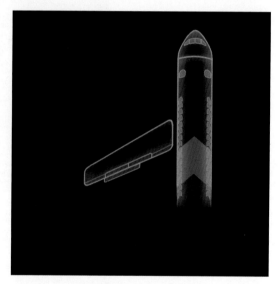

图 9-21　Mask 贴图

双击物体进入物体着色面板,在漫反射通道贴入漫反射贴图,勾选辉光,如图 9-22 所示。

图 9-22　辉光效果设置

选择辉光通道后,在放射贴图文件处加载事先处理好的 Mask 贴图,并适当更改放射范围与辉光范围,达到表面发光的效果。

9.7.3.2　玻璃材质

调节半透玻璃材质,新建一个基础默认玻璃材质球,如图 9-23 所示。

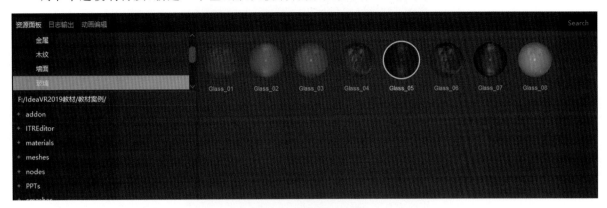

图 9-23　玻璃材质设置

双击物件,进入物体着色编辑面板,单击漫反射颜色,修改 Alpha 通道以更改玻璃透明度,如图 9-24 所示。

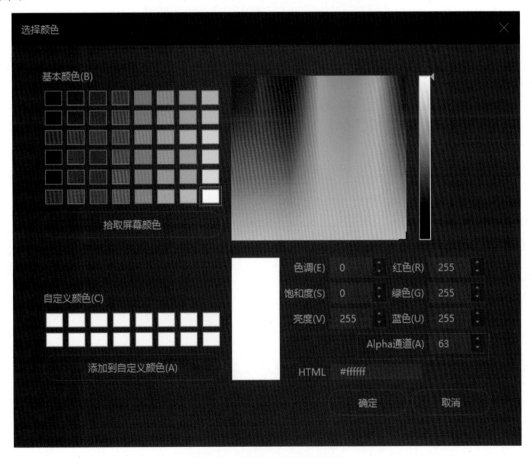

图 9-24　玻璃漫反射颜色设置

单击物体反射属性,更改反射颜色与反射范围,单击反射贴图"生成"按钮生成一张当前环境反射贴图,如图 9-25 所示。

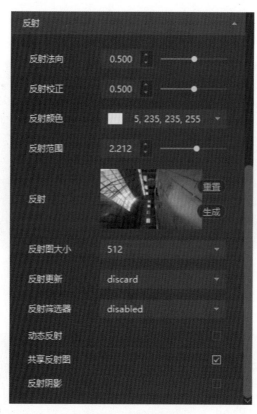

图 9-25 环境反射贴图

9.7.3.3 天空球制作

一般来说，天空会用球来制作(也可以用圆柱体去掉顶面和底面来制作,这种制作方法比较适合室内,看不到天空部分不容易穿帮)。本场景使用的是球来模拟天空。先在外部软件 3ds Max 中创建一个圆,然后把圆的面的朝向转到里面(在面的级中选择球的所有面,单击"Flip",反转法线),如图 9-26 所示。

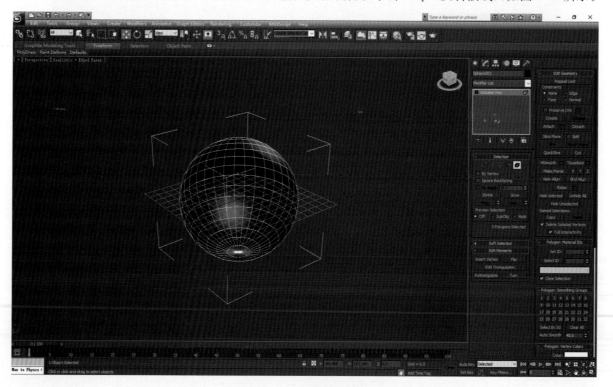

图 9-26 天空球模型制作

现在选择球,导出 fbx 格式,拖入 IdeaVR 创世中,适当调整大小以适合场景尺寸,然后创建一个默认材质球。在这个默认材质球的纹理中贴上漫反射,如图 9-27 所示。

图 9-27 天空球贴图制作

场景中选择天空球,打开物体,单击修改材质,依次勾选辉光遮罩、放射,然后调整放射颜色、放射范围、辉光范围。

9.7.3.4 PPT 的导入与制作

本案例中的 PPT 先由 Microsoft Office 的 PowerPoint 制作,然后导入 IdeaVR 创世中。关于如何制作 PPT,在此不详细阐述。

图 9-28 是本案例已经导入的 PPT。

图 9-28 导入的 PPT 效果

制作顺序:"创建"→"多媒体"→"幻灯片"→"确定"。在弹出的面板中选择之前制作好的 PPT,单击"打开",这样 PPT 就被成功地导入 IdeaVR 创世中了,之后可以对 PPT 进行旋转、位移、缩放等操作,如图 9-29 和图 9-30 所示。

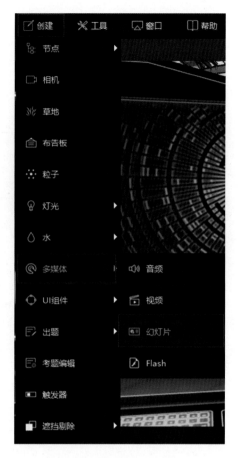

图 9-29　PPT 导入步骤一

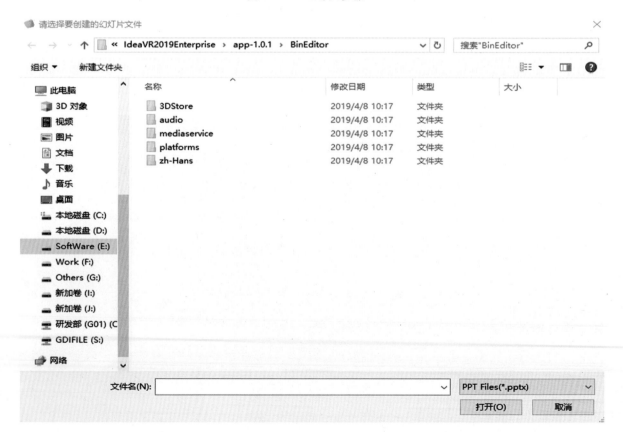

图 9-30　PPT 导入步骤二

9.8　动画编辑

9.8.1　飞机机翼吊装动画

在制作飞机吊装动画前,首先要调整一下铰链的轴心,否则动画会出现错误。依次在三维软件中更改铰链的轴心至最上面。从图 9-31 可以看到场景中的铰链轴心位置关系,接着将机翼上的挂钩模型绑在机翼模型的子集上,形成父子关系(机翼节点为父,挂钩模型节点会跟着一起移动),具体设置如图 9-32 所示。

图 9-31　铰链轴心位置

图 9-32　创建节点父子关系

前期准备工作至此完成,现在可以制作动画了。首先单击动画编辑器按钮"　",在弹出的界面中单击"　"按钮,增加一新的动画,如图 9-33 所示。

图 9-33 创建位移动画

在弹出的对话框中单击"node",再单击"position"（位移），在新弹出的对话框中选择之前制作好的左边翅膀挂载（父节点），然后单击"确定"，如图 9-34 所示。

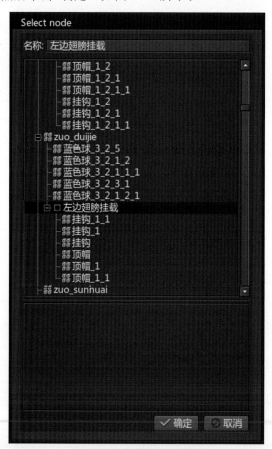

图 9-34 选择动画对象

这样，一条带旋转属性的新动画就创建完成了。看到的默认动画时长是 1 秒，但对于吊装动画来

说 1 秒显得有些过短，单击" ⚙ "按钮，在新弹出的对话框中把最多时间改为 15 秒，如图 9-35 红框所

示,然后单击"确定",动画的总时长就改为 15 秒了。

图 9-35　动画时间设置

然后在动画编辑栏可以看到红、绿、蓝三色箭头,分别对应 X、Y、Z 轴,如图 9-36 所示。

图 9-36　位移动画起始关键帧设置

需要按着 Z 轴和 Y 轴位移来模拟机翼吊装动画,而 X 轴并没有需要,所以只需要在蓝色和绿色(Z 轴和 Y 轴)上双击并增加关键帧,然后拖到时间轴的中间,也就是 7 秒这个时间点,如图 9-37 所示。

图 9-37　位移动画终点关键帧设置

最后双击刚才新增加的关键帧,在弹出的对话框的数值栏中把数值改为 -1.5,最后单击"确定",如图 9-38 所示,这样向前吊装的机翼部分动画就完成了。

Key parameters

时间: 7
数值: -1.527
类型: Linear
✓ 确定　❂ 取消

图 9-38　位移动画终点关键帧参数设置

由于吊装需要先向前再向下,所以在动画设置上需要有关键帧顺序要求,通过复制关键帧用来控制先后顺序,如图 9-39 所示。

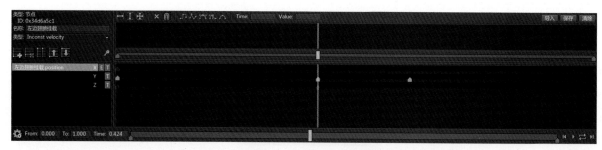

图 9-39　向下关键帧设置

在机翼向前向下的动画制作完毕之后，采用同样的方法，制作链条的位移动画和缩放动画，用来匹配飞机的吊装动画，如图 9-40 所示。

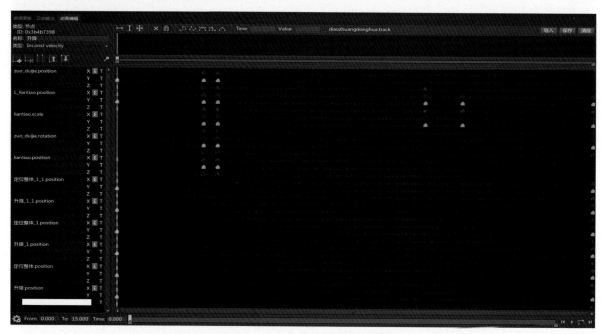

图 9-40　链条的位移动画和缩放动画

最后单击"保存"按钮，命名为"diaozhuangdonghua"，把动画保存为 diaozhuangdonghua.track 文件，如图 9-41 所示。

图 9-41　保存设置的动画

9.8.2　激光测量动画

在做激光动画之前,依然需做好准备工作,将坐标轴放在射线的顶端,如图 9-42 所示。

图 9-42　激光测量动画前期准备

接着新建一个动画文件,设置激光束的旋转属性与缩放属性,如图 9-43 所示。

图 9-43　设置激光光束的旋转和缩放动画

动画时长设置为 2 秒,激光缩放以及旋转时间设置为 0.6 秒,同时设置地面坐标球的显隐动画,如图 9-44 和图 9-45 所示。

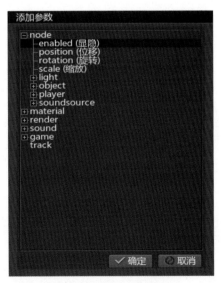

图 9-44　显隐动画设置

图 9-45　显隐帧动画设置

9.8.3 机翼调姿动画

在制作机翼调姿动画前,首先要确定好飞机正确对接时的状态,并做好关键帧的记录,这样倒着往前推可以保证位置的准确性。

在做姿态调整动画时,考虑到下方的液压器也会随之调整,所以也需要做好液压器的动画以匹配机翼姿态调整。

在制作调资动画前,需要将机翼以及液压器模型的坐标轴进行适当调整,将机翼坐标轴居于物体中间,将液压器坐标轴置于底部,如图 9-46 和图 9-47 所示。

图 9-46　场景中机翼模型坐标轴调整

图 9-47　场景中液压器模型坐标轴调整

通过记录正确的对接位置动画之后,再向第一帧吊装后机翼的关键帧、中间机翼的旋转信息的关键帧,达到调整姿态的动画效果,如图 9-48 所示。

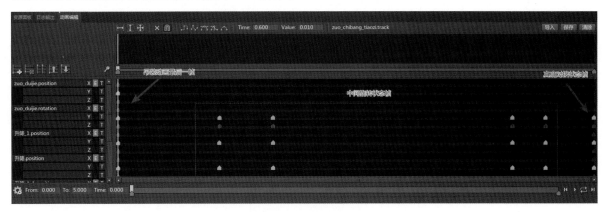

图 9-48　关键帧

右机翼也采用同样的方法进行关键帧记录。

9.8.4　机翼对接动画

为了更真实地实现操作实况,左机翼对接会有一次对接失败的过程,失败的结果会导致机翼受损,所以需要有两套不同的模型进行显隐转换。

首先创建对接动画,依然先记录对接的状态,并放置在最后一帧,然后向前创建帧,形成动画过程,如图 9-49 所示。在两套模型转换时,使用显隐动画,显示失败后的模型,隐藏正确的模型,如图 9-50 所示。

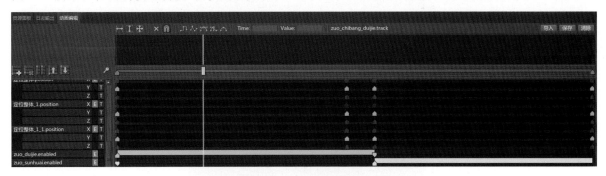

图 9-49　对接动画制作

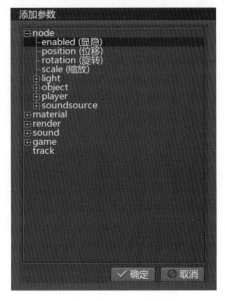

图 9-50　对接动画显隐设置

9.8.5 代码传输动画

代码传输动画是模拟代码输入的一个过程，首先需要逐条在 Photoshop 中制作动画所需要的素材，如图 9-51 所示（注：此处只展示部分内容图）。

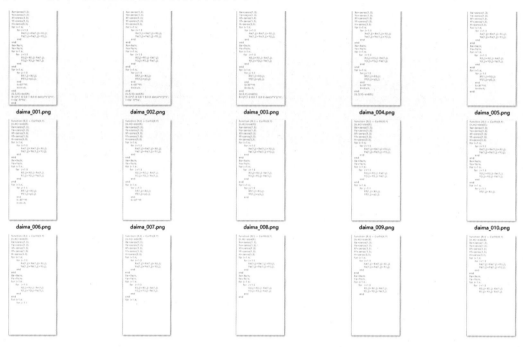

图 9-51　在 Photoshop 中制作动画所需要的素材

素材准备好之后，开始制作动画。打开动画编辑器，单击"⬛"，在弹出的面板中选择 material 下的 textureImage（贴图），如图 9-52 所示。

图 9-52　贴图动画制作

然后把总时长改成 10 秒,双击时间条增加关键帧,如图 9-53 所示。

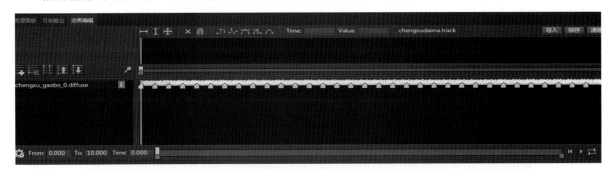

图 9-53　关键帧设置

最后在每一个关键帧上把之前做好的图按顺序插入。这样,一段模拟代码输入的动画就完成了。

9.8.6　飞机起飞动画

当机翼都正确对接之后,飞机起落架缓缓降下,引擎出现,飞机慢慢驶出机库。基本动画为显隐动画与位置动画,将其他测量工具与液压器全部设置为隐藏。

接下来设置螺旋桨的旋转动画,模拟飞机引擎桨叶旋转,如图 9-54 所示。

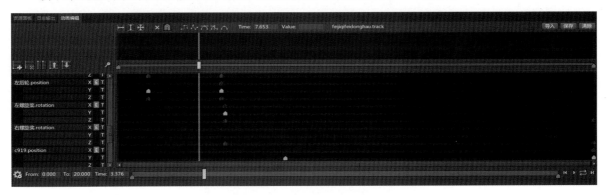

图 9-54　飞机起飞动画设置

在飞机向前运动一段距离时,使用 render 下的 fadeColor(淡入淡出)关键帧,如图 9-55 所示。

图 9-55　fadeColor(淡入淡出)关键帧

通过改变该关键帧的 Alpha 通道,使黑色透明度从 0 变到 100,如图 9-56 所示,以实现头盔中视角逐渐变暗的效果。

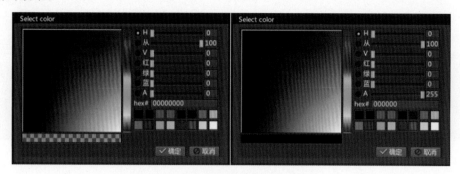

图 9-56　设置透明度实现隐藏效果

9.9　交互的设计与开发

9.9.1　左、右机翼交互

在做整体交互之前,需要理清思路,规划好脚本,使用统一的命名规则或容易识别的名字,以便后期修改与调整交互逻辑。

本案例中场景的交互内容基本上是左、右控制台先做测量然后传输给主控制台,由主控制台发送指令实施机翼的拼装,然后左机翼因测量数据不合格而导致失败,最后左机翼重新测量并再一次传输数据给主控制台,主控制台再次发送指令实施左机翼拼装并成功安装。

由上面简单概述的交互内容可以看出,交互部分基本分为三个区域:左机翼区域、右机翼区域、主控制区域。因此,在交互编辑器中也可以分为三块来制作,这样为之后的修改或协同合作提供了基础。

首先打开交互编辑器"　　",在打开的交互编辑器面板的左侧拖出一个任务、一个空间触发器到右侧空白处,如图 9-57 所示。

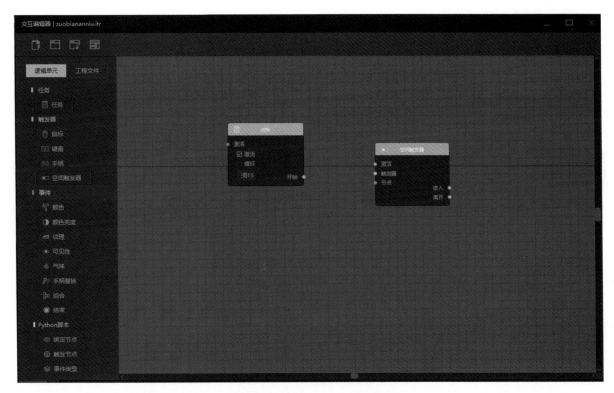

图 9-57　拖入任务和空间触发器

然后在场景中创建一个触发器，如图 9-58 所示。

单击创建好的触发器并修改触发器的大小和属性，如图 9-59 所示。

图 9-58　触发器设置步骤一　　　　　图 9-59　触发器设置步骤二

把创建好的触发器拖到交互编辑器空白处,如图 9-60 所示。

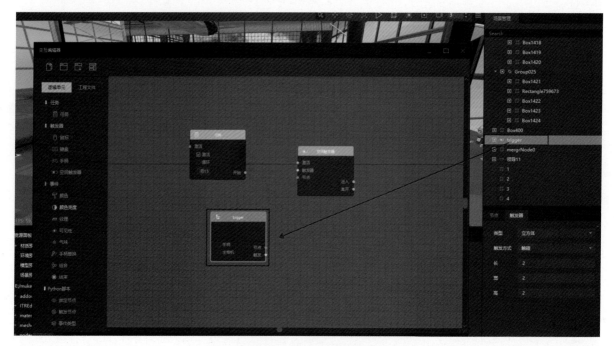

图 9-60　链接触发器交互

最后在场景中创建一个音乐(作为本案例的背景音乐),如图 9-61 所示,在弹出的面板中选择所需要的音乐。

图 9-61　场景音乐交互设计

把刚才创建好的音乐从场景管理菜单中拖到交互编辑器中,并将之前的几个模块连线,同时将任务中的循环勾选上,如图 9-62 所示。因为空间触发器的关系,在进入场景时,就会听到 bgm 了,并且会循环播放。

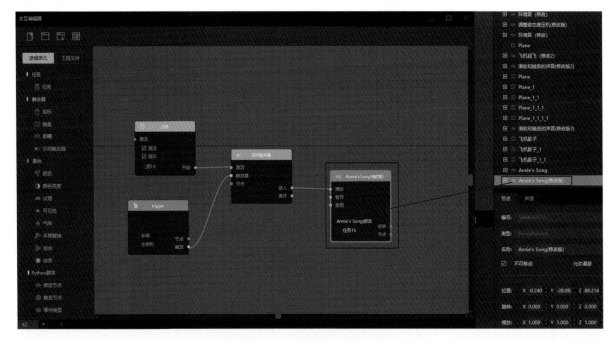

图 9-62　左、右机翼交互逻辑设计

接着连下一条任务,这次想要用字母键 K 来触发,在需要的时候按下字母键 K 播放之前章节做好的飞机吊装动画。

首先创建任务,然后依次把吊装动画、键盘触发器和相对应的声音拖到交互编辑器的空白处,接着连线,如图 9-63 所示。可以看到只要按了字母键 K,就能触发三段相对应的飞机吊装动画和锁链的声效。

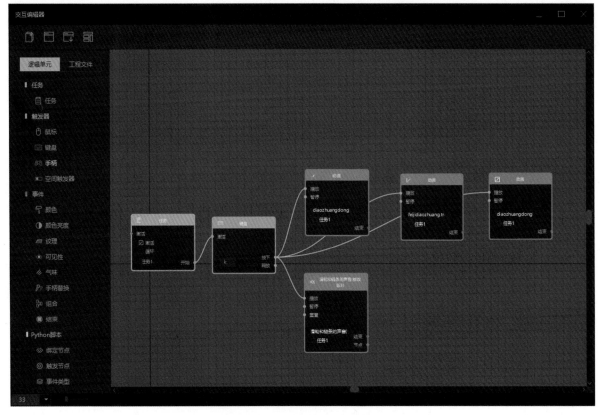

图 9-63　飞机吊装交互逻辑设计

接着链接测量数据和相对应的 UI 显示交互逻辑。可以看到图 9-64 中有许多圆形 UI,它们代表着测量点,现在要做的是单击圆形 UI,出现测量这个点的激光测量仪动画并显示数值。

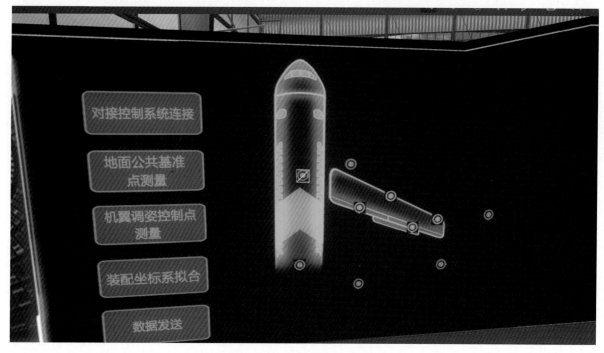

图 9-64　UI 面板交互点设置

在交互逻辑面板中创建一个任务,通过手柄触发,拖入一个可见性模块,把需要单击的模型和需要显示的模型从场景管理面板中拖入交互逻辑器面板,最后将相对应的激光测量仪也拖入交互逻辑器面板,如图 9-65 和图 9-66 所示。

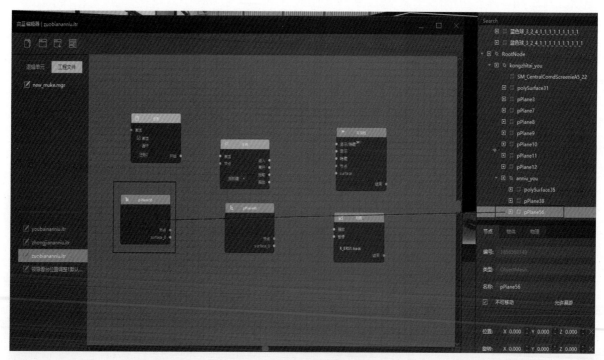

图 9-65　拖入要单击的模型

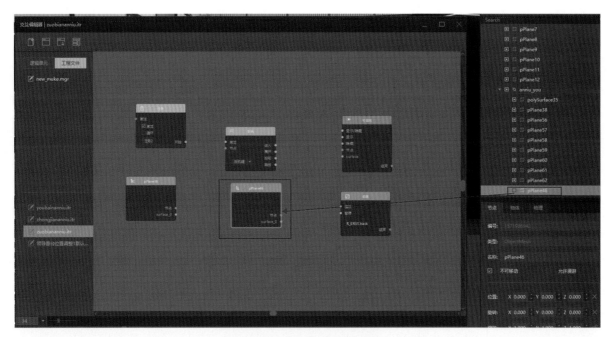

图 9-66　拖入要显示的模型

最后把这些模块链接在一起，如图 9-67 所示。

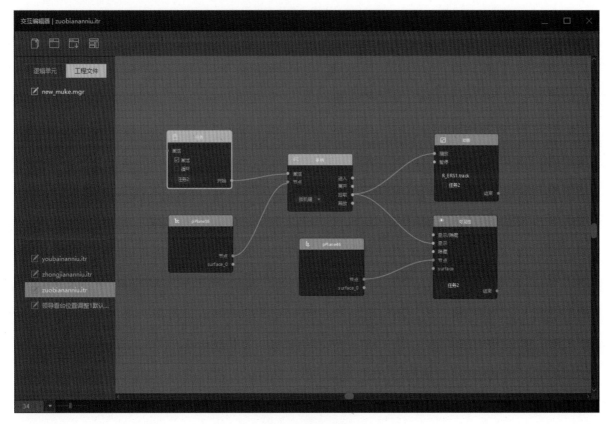

图 9-67　模块链接

可以看到左边的 pPlane56 代表需要单击的圆形 UI，右侧链接在可见性上的 pPlane46 代表需要显现的 UI。这样，当手柄单击 pPlane56 这个圆形 UI 之后就会触发一个激光测量的动画并显现出 pPlane46 这个测量数据。

以同样的方式,把剩余的其他圆形 UI 链接交互,如图 9-68 所示。

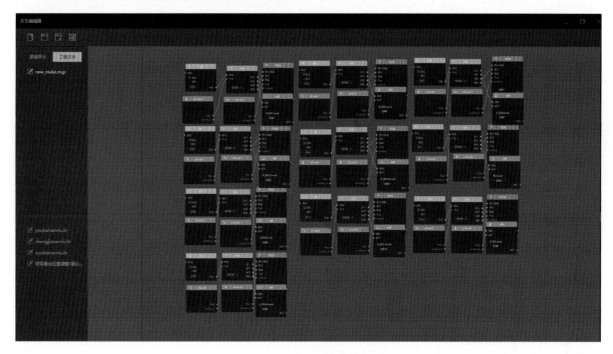

图 9-68 UI 显示逻辑交互设计

当所有的激光测量完成之后,按照脚本需要做装配坐标系拟合,这时候需要单击装配坐标系拟合 UI,然后测算出数值。

通过交互编辑器把之前显示出来的测量数据 UI 做一次隐藏,并把测算出数据的 UI 显示出来,如图 9-69 所示。

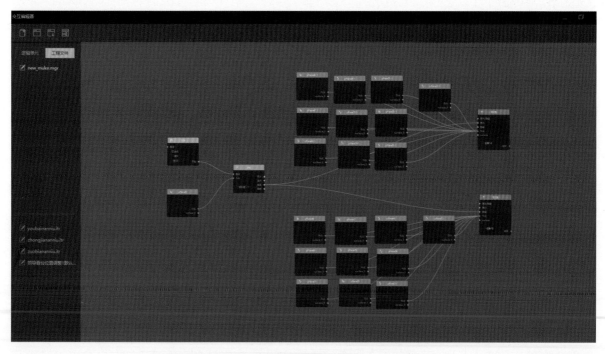

图 9-69 UI 中测量数据的显示与隐藏交互逻辑设计

可以看出,上半部分的节点是需要显示的 UI(带有测算数据的 UI),而下半部分的是需要隐藏的 UI(激光测量数据的 UI)。左边的 pPlane51 是用手柄单击的 UI(装配坐标系拟合)。

最后加上代码传输的交互,如图 9-70 所示。

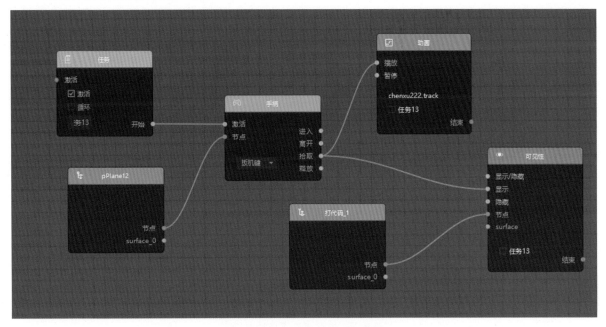

图 9-70　代码传输交互逻辑设计

如图 9-71 所示,左机翼的交互部分已完成,然后单击左上角的"保存"按钮,把交互保存为一个文件(为之后的交互整合做准备)。

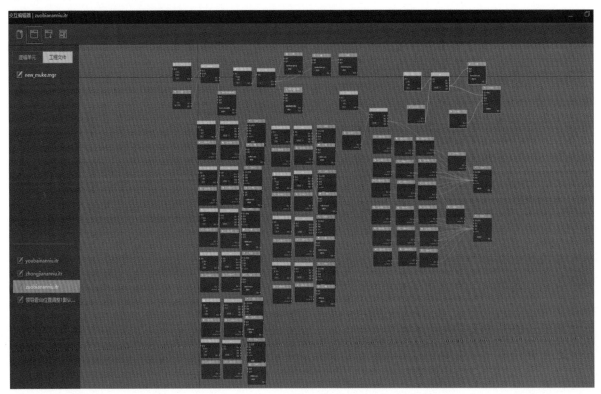

图 9-71　保存左机翼交互文件

右机翼的大部分交互和左机翼的交互是一致的,缺少一个背景音乐的交互,增加一步安装错误所导致的重新测量,这里不再做详细的阐述,最终交互编辑设计如图 9-72 所示。

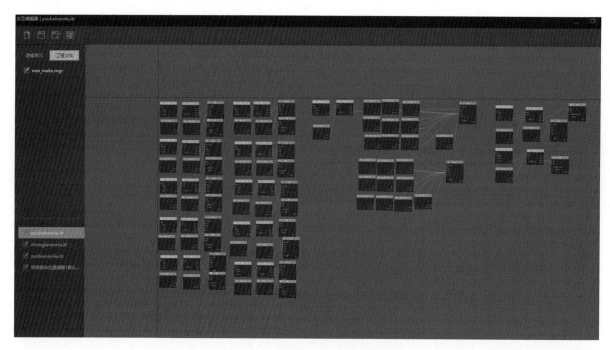

图 9-72　右机翼交互逻辑设计

同样地,也单击右上角保存为一个文件(为之后的交互整合做准备)。

9.9.2　主控制台交互

主控制台的交互为整体动画的调度,和最后的飞机起飞动画都在这里完成。

同样地,第一步还是创建一个任务,然后用手柄触发。按照之前定好的脚本触发内容进行制作。具体内容是当手柄单击左机翼和右机翼的发送数据 UI(pPlane65、pPlane5_2)时,主控制台会显示测量好以及测算好的左、右机翼数据。所以把所需要显示的 UI 和所需要单击的 UI 一并拖入交互编辑器,然后加上可见性,如图 9-73 所示。

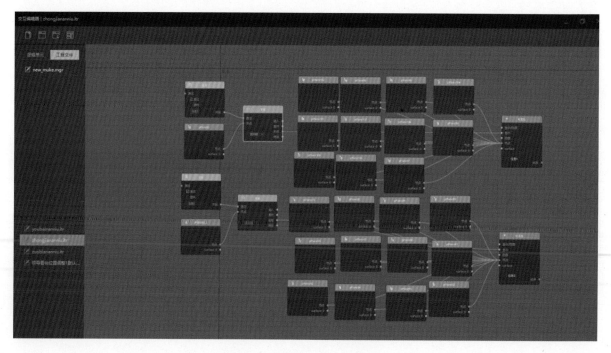

图 9-73　主控制台交互逻辑设计

　　当左、右机翼都发送了数据,主控制台显示了测量和测算数据之后,这时候需要单击姿态驱动 UI,播放左、右机翼的调姿动画并伴随声效的出现。

　　以同样的方法,首先创建一个任务,然后拖入需要单击的姿态驱动 UI,创建手柄触发模块,最后把左、右机翼调姿动画和声效拖进来并链接,如图 9-74 所示。

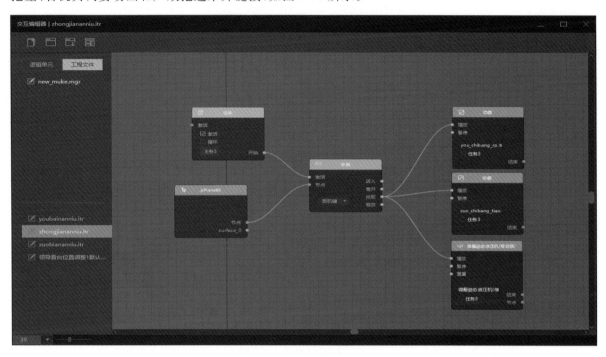

图 9-74　调姿交互设计

　　单击姿态驱动 UI 并播放完动画和声效之后,按照脚本,这时候就需要单击对合驱动了。对合驱动是左、右机翼的安装动画。在安装的过程中,左机翼因为测量点的选择错误导致对合失败,出现报警音。

　　创建一个任务,依次拖入需要单击的姿态驱动 UI,左、右机翼对合动画和报警音效,如图 9-75 所示。

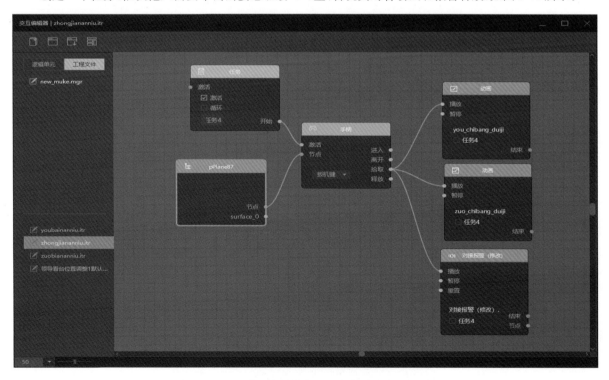

图 9-75　左、右机翼对合动画和报警音效交互设计

完成了左、右机翼的对合,左机翼出现了损坏。按照脚本,这时候需要单击实验报告数据提交UI,第一次的实验数据是55分,因为之后左机翼还会再测量一次正确的数据,然后调姿对合成功。第二次的是98分,所以需要再复制一个实验报告数据提交给UI,用来提交第二次的实验报告数据。考核成绩交互设计如图9-76所示。

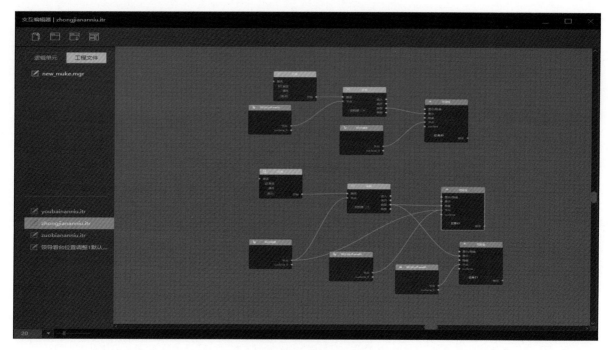

图 9-76　考核成绩交互设计

首先上半部分的交互是第一次出成绩的交互,单击55分片pPlane88,然后显示55分成绩,这里可以把之后要显示的成绩98分做完。

当第一次成绩显示出来后,单击成绩面板,隐藏成绩,并把原来的实验报告数据提交UI隐藏,显示之前复制的实验报告数据提交UI,这样显示二次不同成绩的交互就完成了。

当第一次对合失败后,左机翼这边需要单击对接控制系统链接UI,以达到重置的目的,可进行下一次的测量演算,如图9-77所示。

图 9-77　第二次对合测量演算

上半部分是显示正确的测量点 UI，下半部分是隐藏第一次测量和演算错误的 UI。然后把之前左机翼激光测量正确的和演算正确的交互连一遍，发送数据到主控制台，主控制台再做一遍姿态驱动，对合驱动，最后单击实验报告数据提交（方法和之前说过的第一遍错误是相同的，只需把测量错误的 UI 改成测量正确的 UI，这里不再阐述），如图 9-78 所示。

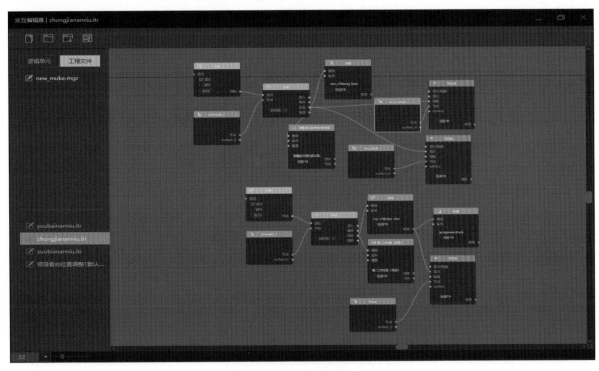

图 9-78　第二次对合交互设计

整个测量拼装机翼部分完成后，再加上成功让飞机跑起来的动画会让人更有代入感，如图 9-79 所示，这是最后飞机准备起飞的交互部分。

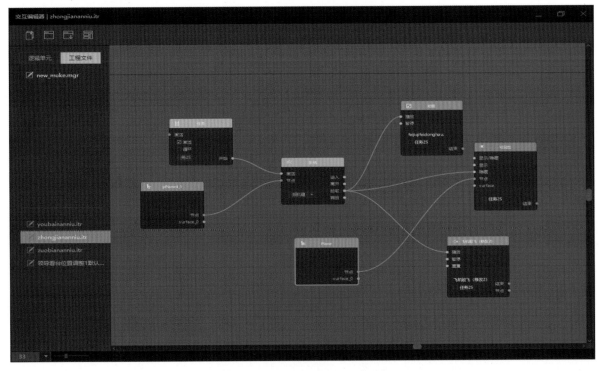

图 9-79　飞机准备起飞交互设计

全部完成并保存完之后，得到了三个交互逻辑，最后一步就是把这三个交互一并拖入交互编辑器空白部分然后保存，如图 9-80 所示。

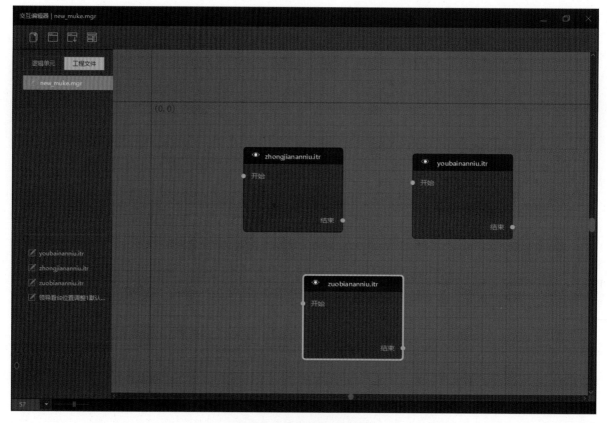

图 9-80 最终交互文件保存

把这三个部分再保存一次，得到一个新的总交互逻辑模块。右击这个模块，把这个交互模块设置为默认，之后打包打开这个案例的时候，交互逻辑就会默认加载，如图 9-81 所示。

图 9-81 设置默认场景加载的交互编辑文件

9.9.3 音乐声效交互

在整个动画制作完成之后，通过记录动画的时长，搭配合适的音效以及环境音，增强 VR 内容的沉浸感。

以铁链吊装飞机机翼与机身部分声效为例，当确认动画时长为 15 秒时，在 Premiere 中进行声效的剪辑，已适配动画如图 9-82 所示。

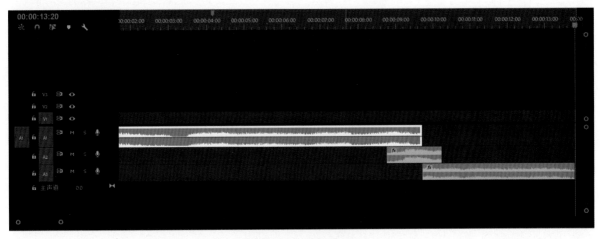

图 9-82　声效剪辑示例

其他音效依照同样的方法进行处理，并起好名字，以方便链接交互。

9.10　渲染效果的调整

图 9-83 是材质球调整前的效果，可以看到整个场景不够明亮，并没有把最开始制作场景时的想法表达出来（整个场景做得自然一些，体现阳光照射进来和大灯的光感）。

图 9-83　渲染效果调整前

IdeaVR 创世有一个渲染设置的属性。当把场景全部搭建完成，但材质球调整完后还是没有达到想要的效果时，可以通过这个属性来调整画面的整体效果。图 9-84 是调整过整体渲染效果后的效果，整个画面有厚重感，不再那么灰暗。

图 9-84　渲染效果调整后

整体效果调整步骤："工具"→"设置"→"渲染设置",如图 9-85 所示。

图 9-85　渲染设置菜单

在弹出的新窗口中单击"颜色",在图 9-86 的红框中可以看到有四个属性可以修改,分别是亮度、对比度、饱和度和伽马值(默认数值分别是 14、2、45、102)。

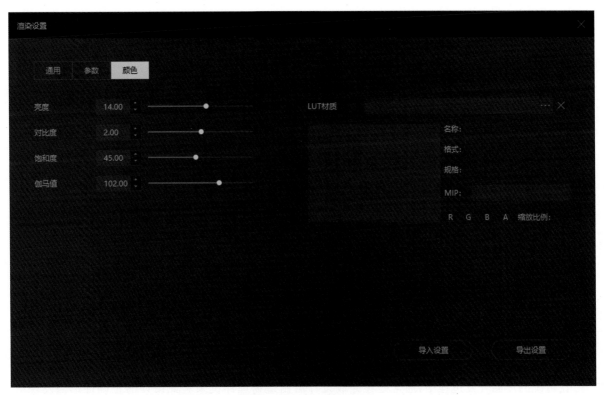

图 9-86 渲染设置面板

亮度是指发光体(反光体)表面发光(反光)强弱的物理量,数值越大越亮。对比度是指一幅图像中明暗区域最亮的白和最暗的黑之间不同亮度层级的测量,差异范围越大代表对比越大,差异范围越小代表对比越小。饱和度是指色彩的鲜艳程度,也称"色彩的纯度"。伽马值是指可以对画面进行细微的明暗层次调整,控制整个画面对比度表现,再现立体美影像。这些名词说起来很抽象,其实只要自己稍微调整尝试一下就很容易理解。本场景因为整个画面已经够亮了,所以亮度并没有调整,调整的是整个场景的对比度、饱和度和伽马值(分别调整为 10、60、70)。

其实在实际制作中,这些数值都不是固定一成不变的,应按实际需要和想达标的效果做出适当的调整。

最后将制作完成的案例进行打包,通过菜单文件的打包场景功能将案例打包成 ivr 格式的文件保存在工程文件夹下,再通过 IVRPlayer 打开,直接展示制作的 VR 场景。

10　IdeaVR 创世实战案例

——空调拆装体验应用

10.1　虚拟现实在机械方向的应用

10.1.1　设计、评审

在传统的产品开发过程中,通常是在完成设计后制造物理样机来验证设计的正确性。当发现缺陷后只能回头修改设计并再次制造样机进行验证,一般要经过反复若干次的修改才能达到性能要求,不仅设计周期长,而且严重制约了产品的质量提高、成本降低和对市场的快速反应。虚拟现实技术与CAD技术在产品开发过程中的有机结合,改善了虚拟设计中人与计算机的交互方式。在沉浸式的虚拟环境中,设计者通过直接三维操作对产品模型进行管理,以直观自然的方式表达设计概念,并通过视觉、听觉、触觉等的反馈,感知产品模型的几何属性、物理属性与行为表现。在设计过程中,借助交互设备可以方便地完成产品模型构建,修改设计缺陷,对模型进行运动仿真和检验,对整个系统进行不断改进,直至获得最优设计方案。设计者还可以把自己的经验和想象结合到计算机的虚拟模型里,让想象力和创造力得到充分发挥。

10.1.2　装配、设备认知

基于虚拟现实技术的虚拟装配系统突出人的因素在虚拟装配中的重要性,尽量将装配技术人员的经验、专业知识融入装配系统,充分发挥人在装配过程的能动性。在装配过程中,不仅可以验证产品设计和装配的可行性,即可装配性,还能寻找、验证设计和装配的科学性,即定出最优的装配序列和装配路径。

10.1.3　产品展示

产品推介展示方式主要还是实物(或实物模型)、广告传单、图片、录像资料以及少量的3D动画,但对于一些大型机械设备因受设备规模、场地条件等的限制,能在现场展示的产品的类型、时间非常有限,而且这种展示偏重外观的展示,不能很好地表现机器的性能和工作特点。借助虚拟现实技术的实时渲染和交互功能,用户不但可以根据自己的需要变幻视角观察产品外观,还可以身临其境地体验产品的操作性能,同时还可以对设备内部运行状况进行详细的了解。通过强烈的视觉效果使消费者对产品外观、内部构造、性能,甚至整个加工过程获得真实的感性认识,从而使产品特性深入人心,激发客户的购买欲望,提高成交率。

10.2 项目前期准备

每一个项目开始前,都需要做好前期准备和规划,以保证项目顺利进行。模型、材质准备等操作软件及步骤和前面章节中的案例一致,此处不再赘述。

10.3 项目工程管理流程

在制作大型场景时,一个严格的项目管理是很必要的一环前期准备工作。今后所有文件在保存时,命名规范均需要参照此规范,以免造成制作上的种种问题。

注意:文件夹或文件以英文或拼音命名,图 10-1 所示的实际项目处是为了方便读者归类整理,故标记为中文。

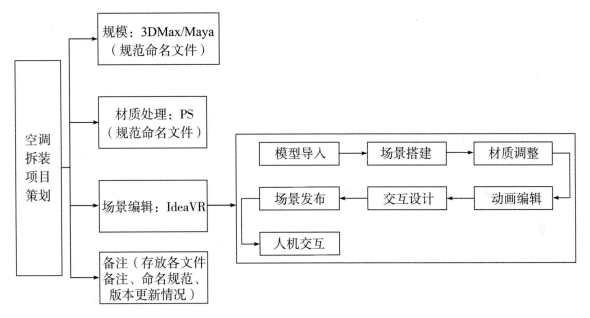

图 10-1 项目管理整体规划

进行完上述的所有操作后,可以一次性将合并后的模型或单独的建筑模型导入 IdeaVR 创世中。

10.4 场景搭建和赋予材质

在 3ds Max 中制作模型后,需要根据原来的单个模型在 IdeaVR 中进行场景搭建、赋予材质贴图。导入已经制作好的模型,场景就会直接出现在 IdeaVR 的视口区域(见图 10-2)。

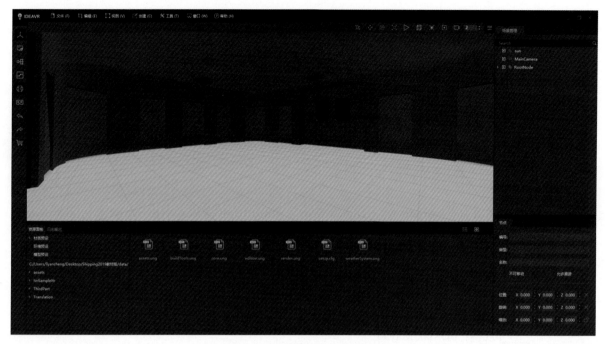

图 10-2 场景模型 room 导入

然后需要对 room 模型场景赋予材质，双击选中当前的房间模型，在右侧的物体标签页上选择着色，单击漫反射贴图。找到该文件夹下 texture 内的 Diffuse_01.png 贴图，选择后 room 场景就赋予了 Diffuse_01 的效果，如图 10-3 所示。

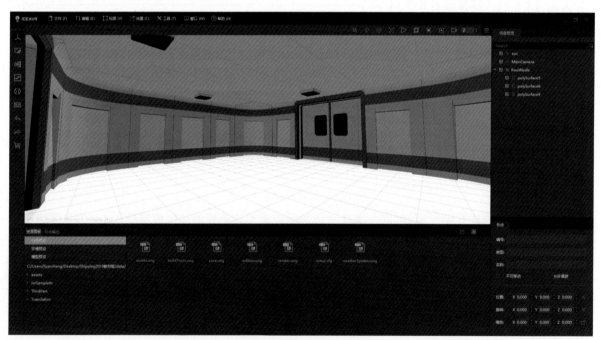

图 10-3 场景模型 room 贴图

同样地，根据上述方法导入其余模型，并通过之前的场景摆放方式最终得到如图 10-4 所示的效果。

图 10-4　其他模型导入后的效果

10.5　场景效果优化

当把场景搭建好并附上原来的贴图材质后,发现整个场景虽然布设好了,但是效果差强人意。这时候就需要通过 IdeaVR 内的一些功能进行效果调整,如材质的自发光特效、灯光的添加、场景小件的添加。

10.5.1　材质的自发光

图 10-4 中的蓝色材质台灯、门框的蓝色边框都可以通过 IdeaVR 软件自带的自发光效果变得更加真实。

首先,双击天花板上的蓝色材质模型灯,在右侧的场景管理属性面板找到物体标签页,勾选辉光,如图 10-5 所示。

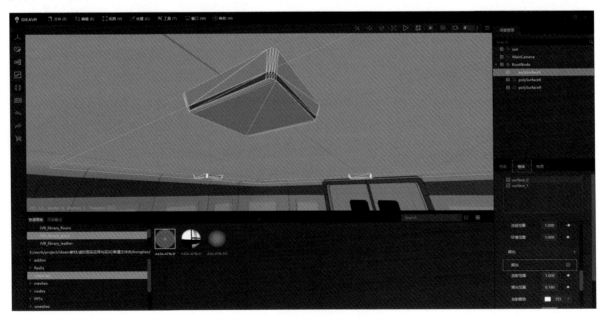

图 10-5　灯具添加辉光前的效果

还可以在辉光内修改参数，以达到满意的效果，如图 10-6 所示。

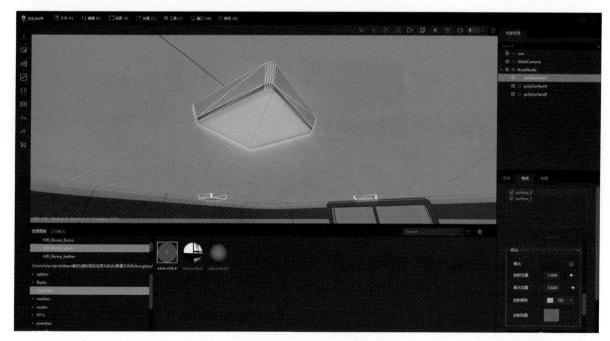

图 10-6　灯具添加辉光后的效果

场景中的灯光模型已经具有自发光的效果，如果需要调整其发光数值，那可以根据参数下的辉光范围和放射颜色进行调整。

当把场景中的模型灯、门框、投影都设置完自发光后，整体的效果如图 10-7 所示。

图 10-7　整体场景添加辉光后的效果

10.5.2　添加灯光

IdeaVR 可以选择创建灯光，可选择创建点光源、聚光灯、泛光灯和平行灯四种类型的灯光节点。那么根据空调拆装的场景，在天花板有 4 个灯光需要照射在地面。此时，使用 IdeaVR 的聚光灯就能达到这样的效果。添加灯光前的效果如图 10-8 所示。

图 10-8 添加灯光前的效果

根据前面章节中讲解的灯光添加方法,在场景中添加 4 个灯光后的整体效果如图 10-9 所示。

图 10-9 添加灯光后的效果

10.6 交互动画编辑

本案例需要通过交互动画来模拟空调的拆装,以达到设备结构认知的效果。动画内容包括空调零部件拆解、组装。

10.6.1 空调拆解动画

根据制作的需求,要制作单击场景中拆解按钮触发空调爆炸拆装的动画、单击场景组装按钮触发空调组装的动画。

首先需要完成的是这两段动画。对空调的各个部位做位移动画,位移距离可自行定义。此部分的拆解和组装是一个相互逆向的位移动画,具体拆解和组装效果可参考相关视频文件。

10.6.2 拆解、组装按钮动画制作

本场景里最后实现的动画是拆解按钮动画。单击场景中的拆解按钮后,该动画是一个先向下、再向上的位移动画,向下的幅度与桌面平齐即可,制作较为简单,具体拆解和组装效果可参考相关视频文件,此处不赘述(见图10-10)。

图 10-10　拆解、组装按钮

10.7　交互的设计与开发

通过一些交互现象可分析交互编辑器里面的任务链接关系。

10.7.1 场景音乐空间触发

首先,通过创建中的音效导入一个音乐(God Is An Astronaut-Forever Lost),然后在创建面板里添加一个触发器。创建后,把它的大小缩放到和房间一样大,然后打开交互编辑器,把场景管理内的

”拖进交互编辑器,进行连线,如图10-11所示。

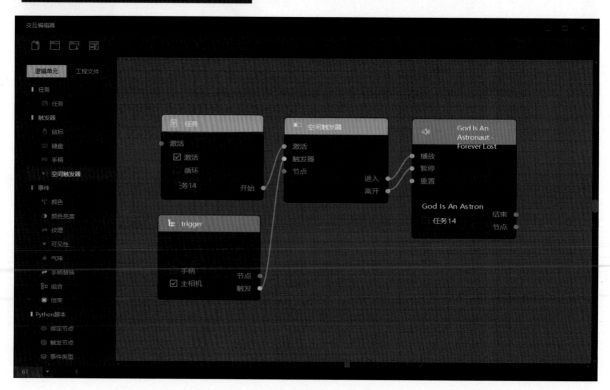

图 10-11　背景音乐交互设计

这样就完成体验者一旦进入房间,就会触发音乐播放的动画。也可以采用这个方式来制作其他一系列的空间触发交互,如视频、音频、动画、颜色变化等。

10.7.2 空调拆解组装交互操作

首先在交互编辑器内添加任务、手柄,然后在资源面板内的 tracker 文件夹内添加之前制作的按钮_拆分. track 和拆分. track,场景管理内添加拆解_2 的节点,如图 10-12 所示。

图 10-12 空调拆装场景资源面板

添加完成后,如图 10-13 所示,进行连线。这里的逻辑是:任务开始后,单击场景中的拆解按钮,播放触发按钮按下的动画和空调整机拆解的动画,如图 10-14 所示。

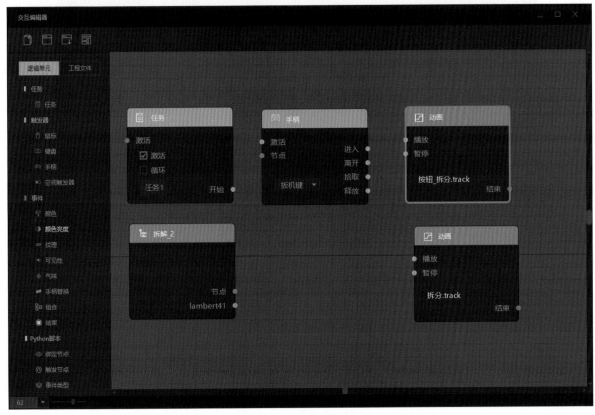

图 10-13 拖入相关功能模块

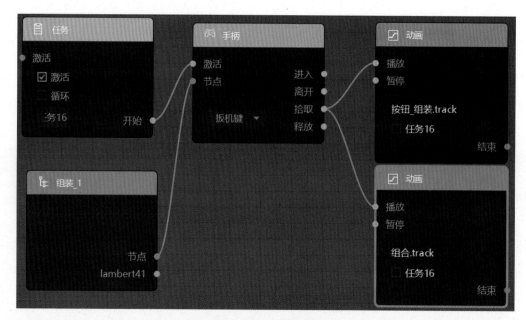

图 10-14　拆解交互逻辑连线

同理,可以制作空调组装的操作逻辑,如图 10-15 所示。

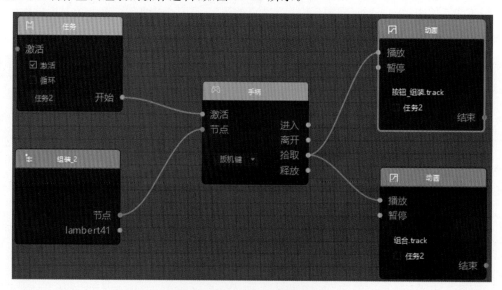

图 10-15　组装交互逻辑连线

制作完成后,保存交互逻辑,右击设置默认交互文件即可。

10.8　渲染效果的调整

IdeaVR 有一个渲染设置的属性,当把场景全部搭建完成以及材质球调整完后还是没有达到想要的效果时,可以通过这个属性来调整画面的整体效果。图 10-16 是调整了整体渲染效果后的效果,整个画面有厚重感,不再呈现灰暗效果。

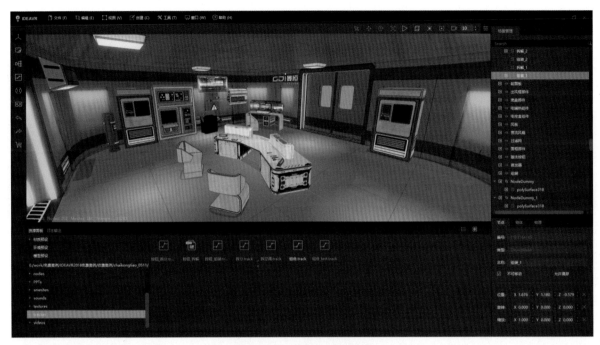

图 10-16 调整渲染效果后

现在来看一看，这样的效果是怎么调整的。

首先打开 IdeaVR，依次单击"工具"→"设置"→"渲染设置"。

在弹出的新窗口中单击"颜色"，可以看到在图 10-17 的红框中有四个属性可以修改，分别是亮度、对比度、饱和度和伽马值（默认数值分别是 0、0、50、100）。

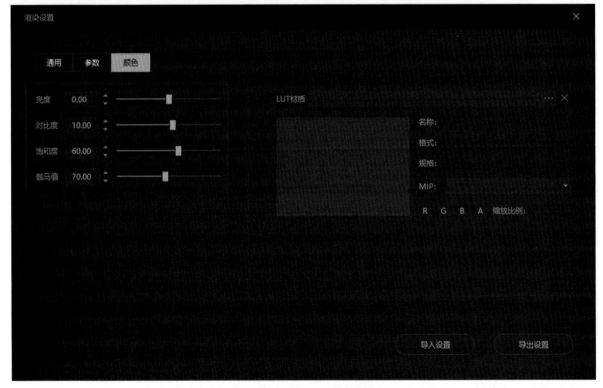

图 10-17 渲染设置调整面板

本场景中因为整个画面已经够亮了，所以亮度并没有调整，用的是默认值，调整的是整个场景的对比度、饱和度和伽马值（分别调整为 10、60、70）。其实在实际制作中，这些数值都不是固定一成不变的，应按实际需要和想达到的效果做适当的调整。

10.9 成果展示

图 10-18 是最终的效果。

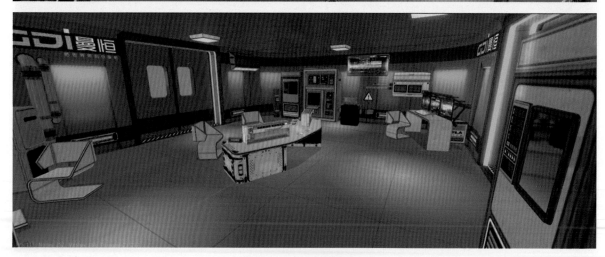

图 10-18 最终效果

主要参考文献

1. 小甲鱼. 零基础入门学习 Python[M]. 第 2 版. 北京:清华大学出版社,2019.

2. Unity Technologies. Unity 5. x 从入门到精通[M]. 北京:中国铁道出版社,2016.

3. 何伟. UNREAL ENGINE 4 从入门到精通[M]. 北京:中国铁道出版社,2018.

4. 徐娜. 中文版 3ds Max 2014 基础培训教程[M]. 北京:人民邮电出版社,2015.

5. 董云影,张红. 基于 Python 的博客设计[EB/OL]. 百度学术,2019.